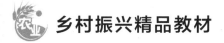

乡村振兴精品教材

U0272100

设施蔬菜
高效栽培与病虫害绿色防控

宫田田　张珊珊　董忠义　马立花　谢红战　主编

中国农业科学技术出版社

图书在版编目（CIP）数据

设施蔬菜高效栽培与病虫害绿色防控／宫田田等主编．--北京：中国农业科学技术出版社，2022.8
ISBN 978-7-5116-5824-1

Ⅰ.①设… Ⅱ.①宫… Ⅲ.①蔬菜园艺-设施农业②蔬菜-病虫害防治 Ⅳ.①S626②S436.3

中国版本图书馆 CIP 数据核字（2022）第 131197 号

责任编辑	白姗姗
责任校对	李向荣
责任印制	姜义伟　王思文

出　版　者	中国农业科学技术出版社
	北京市中关村南大街 12 号　　邮编：100081
电　　　话	（010）82106638（编辑室）　　（010）82109702（发行部）
	（010）82109709（读者服务部）
网　　　址	http://www.castp.cn
经　销　者	各地新华书店
印　刷　者	北京富泰印刷有限责任公司
开　　　本	140 mm×203 mm　1/32
印　　　张	5
字　　　数	135 千字
版　　　次	2022 年 8 月第 1 版　2022 年 8 月第 1 次印刷
定　　　价	38.80 元

《设施蔬菜高效栽培与病虫害绿色防控》

编 委 会

前　言

　　设施蔬菜栽培是随着农业工程技术的突破迅速发展起来的一种集约化程度高、环境设施和技术以及相应操作管理方法配套的综合农业生产体系。它通过人为控制环境因子，为蔬菜提供最佳或较适宜的生长发育空间，从而完全或部分摆脱了传统农业中自然气候和土地条件的制约，有效地改善农业生态条件，便于进行环境控制，防止外界的污染，有利于提高产品质量，是实现蔬菜高产、优质、高效的有效途径。

　　本书主要内容包括瓜类蔬菜设施栽培、根菜类蔬菜设施栽培、茄果类蔬菜设施栽培、豆类蔬菜设施栽培、绿叶菜类蔬菜设施栽培、白菜类蔬菜设施栽培、薯芋类蔬菜设施栽培、葱姜蒜类蔬菜设施栽培及病虫害绿色防控等。本书理论和实践相结合，以设施蔬菜高效栽培技术为主线，配合利用病虫害绿色防控技术，从而实现设施蔬菜生产的优质、高产、高效。

　　本书可供广大农业企业种植基地管理人员、农民专业合作社社员、家庭农场成员和农村种植大户学习阅读，也可作为农业生产技术人员和农业推广管理人员技术辅导参考用书。

编　者

2022 年 6 月

目　　录

第一章　瓜类蔬菜设施栽培

第一节　黄　瓜

一、黄瓜塑料大棚早春茬栽培

该栽培方式主要是为解决早春淡季市场的供应问题，因此在棚内温度条件允许的情况下，其定植期应尽量提前。还可在大棚内套小拱棚进行多层覆盖，以提早定植。

（一）培育适龄壮苗

为提早上市，缩短定植至始收的时间，要求定植时的苗龄宜大，定植时苗子一般应具有4~5片真叶。育苗后期应特别注意做好幼苗的低温锻炼，提高幼苗抗寒能力，以适应定植初期棚内夜间温度低、昼夜温差大的环境特点。为确保培育大壮苗，与塑料大棚相配套的育苗设施最好是选用加温温室或具有加温条件的改良阳畦。

（二）整地作畦

一般于定植前15d进行扣棚烤地，使结冻的土壤融化，并提高地温。如果有前茬，应提前7~10d腾地灭茬，并于棚内进行消毒杀菌。应重施基肥，其种类以腐熟鸡粪为主，配以充分沤制的堆肥、厩肥等农家肥，有机肥总量可达到1万~1.5万kg。棚内畦宽一般1.2m，栽植2行，平均行距60cm。但多采取大小行高垄栽培方法，其中小行45cm为高垄，上有小浇水沟；大行75cm，为大浇水沟和人行走道。

（三）定植

定植时要求棚内 10cm 地温稳定在 12℃以上，棚内夜间最低气温在 10℃以上。应选在寒流刚过、晴天无风的天气定植，即所谓的"冷尾晴头"，不能为赶时间在寒流天气定植，更不能在阴雨雪天定植。定植时一般株距为 20~25cm，埋土深度以稍露土坨为好，边定植边浇水，水量不宜过大，浇水后覆盖地膜。

（四）田间管理

1. 中耕松土

浇定植水后，当土壤稍干时，可掀开地膜，进行第 1 次中耕，主要是破土晾墒，耕时宜浅，不要触动土坨。浇缓苗水后进行第 2 次中耕，此次中耕要适当深一些，以增加土壤的通透性，要把土拍碎，但也不能动土坨，中耕深度可达 10cm 左右。第 3 次中耕可以在插架或吊绳前进行，此次中耕可结合培垄和整理畦面进行。

2. 温度管理

定植后 3~5d，一般关闭所有通风口，提高温度和湿度，尽快缓苗。如果天气晴好，棚内温度以 30~35℃为宜，超过 35℃要适当通风降温。早春温度低，而塑料大棚的保温能力又有限，因此有条件的可于大棚内设置小拱棚（短期）、四周围盖草苫等，增强保温性，尤其是遭遇寒流时，保护黄瓜植株免受低温危害。4 月中旬以后，外界气温渐高，当棚内气温达到 32℃以上时开始通风，如中午维持 1~2h 的 30℃高温，则可以排放出更多的湿气。下午当温度降至 20℃时，要及时关闭通风口，夜间最低气温以 13℃为宜。

3. 植株调整

当黄瓜植株倒蔓时开始插架或吊蔓。一般插单行篱笆架，既有利于通风透光，也便于绑蔓和管理，瓜条也顺直。每株一根插杆，插杆要距瓜苗根部 10cm，以免插破土坨，注意插深绑牢，并在架

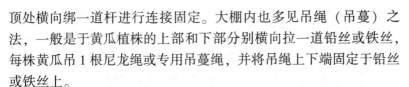

顶处横向绑一道杆进行连接固定。大棚内也多见吊绳（吊蔓）之法，一般是于黄瓜植株的上部和下部分别横向拉一道铅丝或铁丝，每株黄瓜吊1根尼龙绳或专用吊蔓绳，并将吊绳上下端固定于铅丝或铁丝上。

黄瓜植株缓苗后生长很快，要注意及时绑头道蔓，以后随着植株的生长进行绑蔓时，为使各植株"龙头"整齐，可采用"S"形绑蔓方法，即对高植株的蔓打弯再绑。但不能横绑，更不能倒绑，否则会导致化瓜。黄瓜一般为主蔓结瓜类型，植株10叶以下的侧枝均要打掉，10叶以上的侧枝可留一雌花后在前1~2叶处打顶。当植株爬至架顶后，要予以摘心，促发回头瓜。

4. 水分管理

定植后7d左右，选晴天上午浇缓苗水。浇过缓苗水后，要每隔10d左右浇1次水，前两次水量宜小不宜大，做到水不上垄，每次浇水后最好要中耕。但由于此时瓜秧已上架，中耕时不太方便。要注意在晴天的上午浇水，中午通风排湿，而不可在阴雨天浇水。

（五）采收

根瓜要早采，以免坠秧。由于黄瓜果实膨大快，采瓜一定要及时。盛瓜期一般每隔2~3d采1次，甚至1~2d采1次，及时采收对其他幼瓜膨大有利，也利于高产。

二、黄瓜塑料大棚秋延茬栽培

（一）整地作畦

前茬作物收获后，应及时清除残枝落叶，减少病菌虫卵，并施足基肥，进行高畦栽培，可做成宽1.3m的畦种植两行（大小行），大行80cm，小行50cm。

（二）扣棚直播

大棚秋延茬以直播为主，有敞棚直播和扣棚直播两种。敞棚直播虽然节省棚膜，但由于高温多雨，黄瓜出苗后易受到不良天气危害，致使病虫害严重。如采用扣棚直播（用旧膜），可将四周棚膜打开通风降温，以顶部的棚膜来遮蔽强光和雨水，通风口处要设置防虫网。直播穴距20~25cm，每穴播种3~4粒种子（有一定的种距），一般不需要浸种催芽，或只作浸种处理，而不宜催芽。随开穴、随浇水、随播种、随盖土。如育苗栽培时，苗龄宜小，要注意苗床的遮阴、防雨、防虫。

（三）间苗定苗

播种后3~4d，种子即开始顶土出苗，约1周出齐苗后，即进行第1次间苗。待长至1~2片真叶时进行第2次间苗，长至3~4片真叶时进行定苗。每次要间去弱苗、小苗，留下壮苗、大苗、无病苗。如出现缺苗，可在清晨或傍晚进行补苗，补苗时注意浇足水，保全苗是获得高产的重要条件。

秋延茬栽培时，其苗期环境条件不利于雌花形成，致使黄瓜第1雌花节位高、雌花数量少，因此可于定苗后或定植后用0.2g/L浓度的乙烯利溶液连续喷洒黄瓜幼苗，既可促进雌花形成，也能预防徒长。

（四）田间管理

1. 高温期

从播种至9月上中旬，环境高温多雨，黄瓜植株正处于幼苗期至伸蔓前期，为避免徒长，要尽量降低棚内温度和防止棚内高湿，预防病虫害。可于棚顶扣膜，四周敞开通大风，起到凉棚降温防雨作用，并设置防虫网，防止害虫飞入。下雨时要将棚膜放下来，雨停后打开，并注意及时排水防涝，防止畦内积水，以免造成根系窒息而死，雨后天晴及时浇水，起到凉爽灌溉的作用。

2. 中温期

从9月中旬至10月中旬，是秋延茬大棚黄瓜生长最旺盛的时期。要加强通风换气，白天棚内温度 25~30℃，夜间 15~18℃，只要外界气温不低于 15℃均不要关闭通风口。结瓜后，水肥供应要充足，一般是每次浇水要带肥，化肥与稀粪交替使用，化肥以尿素、磷酸二铵为主，要小水勤浇，肥料要少施、勤施，严禁大水漫灌。此阶段还可以进行根外追肥，加强植株营养。

3. 低温期

进入 10 月下旬以后，外界气温已降低，此时应逐渐减少通风量。白天保持 25℃左右，夜间 15℃左右，当低于 13℃时，夜间关闭通风口，此阶段要特别注意低温和初霜的侵袭。此时黄瓜生长趋缓，对水肥的要求相对减少，为降低棚内湿度，要严格控制浇水，一般 10d 左右浇 1 次水，每次浇水要带肥。

（五）植株调整

秋延后黄瓜生长期短，结瓜期也只有 40 多天，早期应以促秧为主，培育壮苗，多分化花芽。结瓜初期，以主蔓结瓜为主，10 节以下侧蔓要摘除，腰瓜上部可适当留 3~4 条侧蔓结瓜，每侧蔓留 1 瓜 1 叶摘心，可主侧蔓同时结瓜。结瓜后期要适当摘除老叶、病叶，减少养分消耗，保证果实生长的需要。

三、黄瓜日光温室越冬茬栽培

（一）对设施性能的要求

日光温室良好的结构与性能是决定越冬茬黄瓜栽培成功的关键因素之一。而许多越冬茬温室存在着结构不合理、采光性能差、白天升温慢、夜晚温度过低等情况，对此要注意加以改造，方可确保越冬栽培的成功。

1. 合理增加采光面的角度

日光温室采光面的角度（屋面角）是决定采光量的关键参数，尤其在冬至前后太阳高度角小时更为重要。既要考虑墙体厚度，也要考虑采光角度。一般日光温室的屋面角度应为 25°~27°。

2. 增加贮热抗寒保温设备

如果墙体和后坡厚度不够，要注意加盖秸草、泥土、农膜或设置风障，要于温室四周设置防寒沟，夜晚要加厚草苫。为防雨雪淋湿草苫，还要在草苫上盖上浮膜。

3. 采用性能好的农膜

要采用无滴、防尘、长寿农膜，并于温室后墙处张挂反光幕，改善中后部的光照状况。

（二）育苗

采用嫁接育苗方式，以增加植株抗寒性及抗逆、抗病能力，并培育壮苗。

（三）整地施肥

在定植前 4~5d，密闭棚室，每亩（1 亩 ≈ 667m²）使用硫黄粉 600g、锯末 3 000g，混拌后熏烟 24h，尤其是对于往年使用过的老棚室更要进行认真消毒。该栽培属于长季栽培，植株生长时间长，需肥量大，须重施有机肥。每亩有机肥施用量达到 1.5 万 kg，能产黄瓜 1.5 万 kg，叫作"斤有机肥斤黄瓜"。其中最少 1/3 应为充分腐熟的鸡粪，其余 2/3 为堆肥、厩肥或其他有机肥。另外，还要在基肥中加入 50kg 的复合肥。

（四）定植

按 1.2m 的距离划线，顺线南北向起高畦，畦面成高弓形，畦与畦之间成"V"形沟，于高弓形畦上间隔 40cm 南北向划线，即为小行距，而跨畦沟的 80cm 为大行距。用小锄或小铲顺线开沟 10cm 深，而后顺沟浇透水，趁沟里的水未完全渗入时，将瓜苗带土坨按 30cm 株距摆放于沟内，待水渗后，再用小锄头或铲子从大、小行间调土扶垄栽苗，即小行间是小沟、大行间是大沟。待全温室瓜苗定植完成后，立即清理垄沟，搂平垄面，随即全地面覆盖地膜。覆膜时要从一端开始，一次覆盖两行瓜苗，将膜边置于大行中间（即大沟中间），正对瓜苗处割开5~10cm的口子，将瓜苗轻轻掏出，膜两边要拉紧压实，然后在温室内每一行瓜苗的正上方拉一道铁丝，每棵苗上系一根吊绳。

（五）田间管理

定植后一般不通风，使温室内形成高温高湿环境以促进缓苗。白天30~35℃，夜晚18~20℃，要注意夜间的保温。缓苗以后开始降温，以白天25~30℃、夜间13~15℃为宜。

一般当根瓜膨大至10cm左右时开始浇水追肥，每亩可施硝酸铵15~20kg，可将肥料溶于水中，随水灌入地膜下的垄沟中。20~25d后进行第2次浇水追肥。浇水追肥宜在晴天上午进行，并于下午通风排湿。其间可用尿素、磷酸二氢钾、三元复合肥等进行根外追肥，每10d左右1次，交替用肥，使用浓度一般为0.2%~0.3%，切忌浓度过高产生肥害。补糖具有一定的增产效果，可用0.5%白糖或葡萄糖溶液进行叶面喷施。低温期温室通风不良，提倡施用二氧化碳气肥。

当植株长到一定高度时，其下部叶面黄化、残破甚至染病，应及时将黄化、残病叶打掉，并将下部颜色暗淡、已失去光合功能的叶片一并摘除。如此既可减轻病虫害的传播，又可减少水分蒸发和养分消耗。

第二节　西葫芦

一、西葫芦日光温室秋冬茬栽培

秋冬茬西葫芦苗期处于高温季节，不利于花芽分化，定植初期环境温度较高，也容易诱发病毒病，产量较低，在温室各茬口中栽培难度最大。但由于秋冬茬西葫芦收获期处于蔬菜供应的秋淡季，种植的经济效益较高。

（一）播种育苗

1. 育苗要求

为提早上市，要求较大苗龄，适宜生长的天数为 20d 左右，幼苗 2~3 片叶展开，苗龄过大，定植时易于伤根、伤叶，不利于缓苗，且易导致病毒病的发生。壮苗标准是：株高 12cm，叶片平展，叶色浓绿，茎粗 0.4cm 以上，茎节不明显，抗逆性强，根系完整，无病虫害。

秋冬茬育苗在露地进行，采用苗床育苗或营养钵育苗。北方播种期在 8 月中下旬，播期天气较热，可直播，也可温水浸种后，在 25~30℃ 催芽后播种，播种前底水浇足，以后保持充足水分供应，育苗期间不宜控水。

2. 育苗时的注意事项

（1）保持适宜苗距。西葫芦叶柄长、叶片大，开展度较大，故苗床单株营养面积应在 10cm×10cm 或 12cm×12cm，不宜过密，否则易于造成后期苗床拥挤。

（2）防止戴帽出土。西葫芦种粒较大，出苗过程中种皮不易脱落，为防止种子戴帽出土，播种后种子上面覆土厚度应在 2cm 左右。

（3）注意苗床遮阴和通风。白天温度过高，易于诱发病毒病和白粉病等，并造成幼苗老化。苗床应采用棚架上覆盖旧膜或遮阳网等方法遮阴，减轻高温的影响。

（4）营养土的配制。营养土的配制比例为腐熟的有机肥占 60%，田园土占 40%，每立方米混合物中加磷酸二铵 1~1.5kg，或尿素 0.3kg，过磷酸钙 4~5kg，草木灰 4~5kg，充分拌匀后过筛。

（5）培育嫁接苗。采用黑籽南瓜与西葫芦嫁接，既能克服土壤传染病害，又能早熟、高产。嫁接砧木常用黑籽南瓜。黑籽南瓜浸泡时间为8h，然后搓去种子表面黏液，晾干表皮水分，在30~33℃条件下催芽；西葫芦浸种催芽按常规方法进行。采用靠接法嫁接，西葫芦比黑籽南瓜晚播1~2d，也可以同时播种，嫁接方法同黄瓜嫁接。嫁接后的前4~5d主要是遮阴保湿，经15d左右嫁接成活，切断西葫芦根系。

（二）定植

应在前茬作物拉秧后尽早整地作畦，重施底肥，整地前铺施腐熟农家肥每亩5 000kg、磷酸二氢铵等复合肥40~50kg。1/2翻耕前撒施，1/2翻耕后挖沟集中施用，施肥后作垄或高畦，单行栽培时畦宽60cm；双行栽培时畦宽1~1.2m，最好一膜盖双垄。西葫芦定植前5~10d，应将温室用防雾滴、防老化农膜进行覆盖，老温室还应在定植前2~3d用硫黄、敌敌畏等进行熏烟消毒处理。

定植期多在9月中下旬。秋冬茬西葫芦栽培适宜的定植密度为2 200~2 500株/亩，株行距（45~55）cm×（50~60）cm。选择阴天或晴天下午定植有利于缓苗，用明水定植法栽苗。

（三）栽培管理

1. 温度管理

定植后缓苗期保持白天25~30℃，夜间18~20℃为宜，缓苗后白天温度保持18~22℃，夜间8~10℃，上午温度到25℃时开始放风，下午温度13~14℃关风口。

开花坐果期西葫芦对温度敏感，白天保持22~25℃，夜间12~14℃。

2. 水肥管理

西葫芦根系吸水能力较强，不耐高湿，浇水的原则是小水勤浇，保持土壤见干见湿。在冬季温室内温度偏低、通风量小的情况下，浇水次数不宜过多、浇水量不宜过大，宜采用膜下灌水，避免室内空气湿度过高。

定植时浇足定植水，4~5d 缓苗时可轻浇水 1 次，并随水冲施尿素或硫酸铵 15kg/亩左右，促进缓苗、发棵。及时中耕蹲苗，促进根系生长，防止徒长。矮蔓品种蹲苗时间要短，防止坠秧。第 1 雌花开放后 3~4d，根瓜长到 8~10cm 时，表明根瓜坐住，植株生长即将进入结瓜期，是加强水肥管理的标志。此时结合浇水追施尿素 10~20kg/亩，以后约每 5d 浇水 1 次，约每 15d 追施氮磷钾复合肥 15~20kg/亩。

3. 植株调整

（1）去除侧枝根。瓜坐住前应及时摘除植株基部的少量侧枝。生长中后期，茎叶不断增加，但基部叶片距离底面过近，光照弱，湿度大，容易成为病源中心，当根瓜采收后可予以摘除。

（2）去除雄花及多余雌花。在西葫芦的生长期，雌花和雄花非常多，要疏掉部分雌花，雄花全部疏掉，必要时可以疏果，以减少养分的消耗。

（3）吊蔓。西葫芦越冬栽培虽然选用短蔓型品种，但由于生长期长，其茎蔓长度最终可以达到 1m 以上。自定植初期就应及时用塑料绳吊蔓，以保持植株田间生长状态和通风受光良好，而一旦出现植株倒伏后再行吊蔓容易扭伤茎蔓。

（4）去除老叶、黄叶。随着植株的生长，基部叶片逐渐老化、变黄，应注意及时疏除，防止消耗养分和诱发病虫害，改善基部通风透光条件。

4. 防止化瓜

多数情况下西葫芦可采用人工授粉的方法防止化瓜，西葫芦花在 4—5 时已开放，人工授粉应在天亮后时及早进行。雨天尤其要及时授粉。方法是摘取雄花，将花药涂抹在雌花柱头上。

由于矮生型西葫芦雄花数量有限，进入结瓜盛期难以满足人工授粉需要，也可使用 2,4-D 或番前灵等生长调节剂处理，使用浓

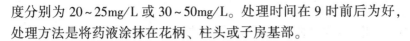

度分别为 20~25mg/L 或 30~50mg/L。处理时间在 9 时前后为好，处理方法是将药液涂抹在花柄、柱头或子房基部。

（四）采收

定植后 55~60d 即可进入采收期。果实在开花后 7~10d，当果实重量达 250~500g 时即可采收。

西葫芦以嫩果为产品，强调根瓜早收，以免化瓜、坠秧，同时防止下位果对上位果的抑制作用。

二、西葫芦日光温室冬春茬栽培

冬春茬西葫芦高产栽培生产上除要在保温采光性好的日光温室内使用无滴防老化膜外，在栽培上须掌握以下几个技术要点。

（一）嫁接育苗

要使西葫芦在春节前上市并在春节前后获得较高的产量，应在 9 月下旬至 10 月上旬播种，并进行嫁接。

砧木选用黑籽南瓜，接穗选用早青一代，采用操作较简便的靠接法嫁接。此法关键要掌握播种时间，即西葫芦与催芽后的南瓜籽同一天播种，如果南瓜籽没催芽，西葫芦应比南瓜晚播种 2d。每亩用西葫芦种子 0.25kg、黑籽南瓜种子 2.5kg。具体操作方法同黄瓜靠接法。当西葫芦 3~4 片叶时开始定植。

（二）定植

施足底肥，平整好地块，按长宽各 100cm、60cm 的大小行，起高约 10cm 的高垄，按株距 55cm 坐水定植，小垄覆盖 1.1~1.3m 宽的地膜。

以后浇水仅浇小垄，采取膜下暗灌法，以便于控制室内湿度，提高室内温度。

（三）吊蔓

于西葫芦 8~10 片叶时，用塑料绳系于瓜秧基部，绳的上端系于棚架的专用铁丝上。

当瓜蔓爬到棚顶后，清除下部老叶，松开渔网线或塑料绳，使瓜蔓下盘，瓜龙头继续上爬，使结瓜后期仍能保持较好的生长空间。

（四）提高坐果率和疏果

为提高坐果率，生产上常用 2,4-D 25~30mg/L 或防落素 20~30mg/L 喷花或涂花柄，在喷花蕊时，可在调节剂中加入 0.1% 腐霉利以防治灰霉病。

结瓜初期（1—2 月）为提高结瓜率，可适当进行疏花疏果，每株每次留 1~2 个瓜形好的瓜，其余的去掉，待上一个瓜采收后用同样的方法选留下一个瓜，至 3 月植株长势增强，温光条件好转后，可视植株长势免去人工疏果，一株上可同时留几个瓜。

（五）水肥及温度管理

瓜秧 5~6 片叶时开始蹲苗，雌花开放后 3~4d，幼瓜长到 10cm 长时，每亩施 15kg 尿素、4kg 磷酸二氢钾，3 月后加施麻酱渣 50kg。浇水采用小垄膜下暗灌法，只浇小垄。

天气变暖后，每隔 3~4d 浇 1 次水，6~8d 追 1 次肥。天气转暖后随放风口的增大其需水量也增大，可大小行都浇。在温度管理上白天尽量保持在 20~22℃，夜间 13~16℃，不低于 12℃，最高温度不超过 25℃。

第三节 西 瓜

一、西瓜小拱棚双膜覆盖栽培

是指在栽植畦上覆盖地膜再加小拱棚的栽培方式，该方式目前在西瓜生产上应用较广，因具有地膜和"天膜"双重覆盖保护，增温效果较好，而且结构简单，取材方便，成本较低，早熟效果好。

（一）培育大壮苗

在合适条件下培育大壮苗，适宜苗龄 30～35d，具有 3～4 片真叶，应采用营养钵护根育苗办法。

（二）整地作畦

在冬前深耕、晒垡，开春后进行土壤整理。基肥以有机肥为主，并加入适量的速效性化肥。每亩可施腐熟鸡粪 1 500kg、磷酸二铵 20～30kg、硫酸钾 30kg。可采取全园撒施与沿瓜行开沟集中施肥相结合的办法。

（三）定植

定植前至少提前 7～10d 盖好地膜和小拱棚以提高地温。小拱棚一般为南北向，棚高 50～70cm，跨度与种植行数、整畦模式有关，长 20～30m。当棚内气温稳定在 15℃以上、地温 12℃以上时为安全定植期。定植时应在晴天进行，每亩 800～900 株。

（四）温度管理

定植后 5d 内密闭小拱棚不通风，以提高气温和地温，促进缓苗。此后随天气变暖，棚温升高，应逐渐通风。棚温最好控制在 30～35℃，夜温在 15℃以上，不低于 12℃，如遇寒流应加盖草苫防寒。开始通风时，只在背风一端揭开薄膜。随着温度的升高，要两端开启通风口，而大风天气只能在一端开启。当两端通风而棚温不能降至标准要求时，要间隔一定距离揭开底膜通风。通风量要根据气温的变化灵活掌握，一般以"由小到大、时间渐长、不断变换风口位置"为原则。

（五）植株调整

主要采用双蔓整枝方式进行及时整枝，高密度栽培（每亩 1 000 株以上）时应采用单蔓整枝方式。尽量保证结瓜部位在小棚的中间，坐瓜后要经常剪除弱枝、老叶，以利通风透光。以主蔓上第 2 雌花结瓜为主，采用人工辅助授粉，提高坐瓜率。在果实成熟后期，应盖草护瓜，防日灼病，并注意及时垫瓜、翻瓜等。

（六）水肥管理

由于前期以保温为主，水分蒸发量少，一般不浇水。如底墒不足，发现旱情时可在坐果前浇 1 次小水。拆除棚膜或引蔓出棚前要追 1 次肥，一般在距根际 60cm 处开浅沟，每亩用腐熟饼肥 45kg，复合肥 15kg。如拆棚时植株尚未坐瓜，则应在坐瓜后再施膨瓜肥。

（七）选留二茬瓜

小棚西瓜由于成熟早，在第一茬瓜采收后，气候条件仍较适宜西瓜的生长发育，因此可选留二茬瓜。选留二茬瓜的具体方法是：在头茬瓜基本"定个"时（在采收前 7~10d），在西瓜植株未坐果的侧蔓上选留一朵雌花坐瓜。若头茬瓜坐在侧蔓上，二茬瓜可在主蔓上选留。

二、西瓜塑料大棚早春茬栽培

（一）栽培模式

1. 双膜栽培

即"地膜+大棚（膜）"，是基本的大棚栽培模式。为降低棚内湿度，防除杂草，减轻病害，可全部用地膜或农膜覆盖棚内地面，即大棚双膜全覆盖栽培。

2. 三膜栽培

在双膜栽培的基础上，在瓜行上面再加盖小拱棚，即"地膜+小棚（膜）+大棚（膜）"。

3. 三膜一苫栽培

在三膜栽培的基础上，在小拱棚上面再加盖一层草苫保温，即"地膜+小棚（膜）+草苫+大棚（膜）"。

（二）整地作畦

大棚西瓜由于种植密度大、产量高，因此要求精细整地，施足底肥。若是冬闲棚，则应在冬前深耕，进行冻垡。基肥以有机肥为主，配合适量化肥。一般每亩施优质厩肥 5 000kg，或优质腐熟鸡粪 2 000kg，配合施入硫酸钾 15～20kg、过磷酸钙 50kg、腐熟饼肥 100kg。基肥量的 1/2 结合翻地全园施入，另 1/2 施入西瓜栽培的行沟中。灌水造墒后整地作畦。若是早春育苗的大棚，应在定植前 10d 清园，深耕晒垡，撒施基肥，整地作畦。为节约地膜、小拱棚和草苫用量，大棚西瓜畦最好做成宽畦，采用大小行定植，棚内可采用一膜覆盖 2 行的办法。

宜在定植前 15d 将大棚扣好。采用三膜栽培模式和三膜一苫栽培模式的，应在定植前 5～7d 把小棚建好，并盖上小棚的棚膜和地膜，以提高地温，定植时揭开小棚的棚膜栽苗。

（三）播种育苗

大棚栽培一般采用温室育苗，也可在定植西瓜的大棚内育苗。育苗期要根据大棚西瓜的栽培模式和品种选用情况确定。采取双膜栽培模式的，由于大棚的保温能力有限，可较当地露地西瓜的育苗期提早 40d 左右；采取三膜栽培模式的，育苗期可提早 50d 左右；采取三膜一苫栽培模式的，育苗期可提早 60d 左右。早熟品种可适当晚播，中、晚熟品种或嫁接栽培时要适当提早。当瓜苗的苗龄达到 30～40d、具有 4～5 片叶时定植最好。

（四）定植

大棚西瓜生长快，瓜秧较大，瓜田封垄早，西瓜的种植密度不宜太大。一般采取双蔓或三蔓整枝栽培时，每亩早熟品种以 1 000 株左右为宜，中晚熟品种以 500～800 株为宜。定植前 5～7d 先盖好地膜，以增温保墒。定植时确定好株距后，在栽苗部位打孔，然后栽苗、浇水、覆土。定植深度以营养土坨的表面与畦面持平为宜，若幼苗下胚轴较高，则定植深度可稍深。定植后，大棚内最好实行全园覆盖地膜，既可提高地温和保持土壤水分，也可降低棚内湿度。一般晴天上午定植，下午扣小拱棚。

定植时要注意按瓜苗大小分区定植，由于大棚中部的温度高，故要将小苗和弱苗定植到大棚中部，而将大苗和壮苗定植到温度偏低的边部，以利于整棚瓜苗的整齐生长。另外，要注意保护好瓜苗的根系，由于大棚西瓜多采用大苗定植，定植时易伤根，因此在起苗、运苗和栽苗的过程中一定要轻拿轻放，防止营养土坨破碎。

三、西瓜日光温室冬春茬栽培

（一）播种育苗

在温室中部建造苗床，苗床采用电热线、酿热物、火炉、火炕等加温，采用营养钵护根育苗措施。为提高耐低温能力，一般要进行嫁接育苗。日历苗龄 35~40d，生理苗龄 3~4 片叶。

（二）整地施肥

前茬作物收获后，深翻土地。每亩施腐熟有机肥 5 000~10 000kg，复合肥 60kg 或过磷酸钙 50kg 和硫酸钾 60kg。均匀撒施，深翻 30~40cm，耙平起垄，全园覆盖地膜。

（三）定植

选晴天上午，在垄上按 45cm 株距开穴，定植时苗子土坨与垄面持平，按穴浇温水，然后封穴。小西瓜吊蔓立架栽培时，每亩定植 2 100~2 300 株。在两垄窄行上插竹片成小拱棚，覆盖 2m 宽农膜，其棚膜要晴天揭、夜晚盖。

（四）田间管理

1. 温度

日光温室早春茬西瓜栽培前期正值严冬时节，注意做好增温保温工作。定植后 5~7d 内密闭温室增温，只有当温室内连续数日出现 32~35℃ 高温时，才开始放顶风，当降至 25℃ 时闭棚，降至 15℃ 时盖草苫。一般前半夜温度保持在 15℃ 以上，后半夜 11~13℃，清晨最低温度在 10℃ 以上。进入结果期后，外界温度逐渐回升，为促进果实迅速膨大，应保持 30~35℃ 的较高温度。3 月中旬以后，随着外界温度升高和西瓜上架或吊蔓，可将小拱棚撤掉。

2. 湿度

空气相对湿度要保持在 60%~70%，前期主要是通过通风来排湿。进入 4 月上旬以后，外界气温升高，温室通风量加大，地膜的降湿作用已不大，而且地膜覆盖降低土壤通透性，影响根系呼吸，不利于新根的发生与生长，可以撤掉地膜。

3. 植株调整

日光温室西瓜栽培一般采用支架栽培方式，架式以篱笆架为好，架顶两端用竹竿连接固定并与温室棚架相连。当植株有 6~7 片叶开始倒蔓时，将瓜蔓呈 "S" 形绑在支架上。头茬西瓜采用双蔓整枝方式，留主蔓上的第 2 雌花坐瓜，人工授粉，标注授粉日期。当瓜重达 0.5kg 时要及时吊瓜。二茬瓜是在头茬瓜采收结束后，将主蔓剪除，保留侧蔓。此时侧蔓已具有 35~40 片叶，将其下部的老叶打掉，将侧蔓中下部盘条落在地面上，中上部绑在架杆上。对侧蔓上的雌花授粉，一般每株留 1 瓜。

第四节 冬 瓜

一、冬瓜日光温室冬春茬、塑料大棚早春茬栽培

(一) 播种育苗

育苗期正值寒冷时节，而冬瓜要比黄瓜要求更高的气温和地

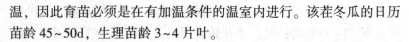
温，因此育苗必须是在有加温条件的温室内进行。该茬冬瓜的日历苗龄 45~50d，生理苗龄 3~4 片叶。

（二）整地作畦

每亩可施用优质农家肥 5 000kg、饼肥 150~200kg、过磷酸钙 100kg、硫酸钾 30~40kg、尿素 25kg，采取地面撒施与集中沟施相结合的办法进行施肥。按大小行作高畦，大行距 1.2m，小行距 0.8m，平均行距 1m。

（三）定植

按株距 40cm 开穴、浇水进行定植，将小苗定植在温室的前部，大苗定植在温室的后部。全部定植结束后进行全园地膜覆盖，但地膜不用压实。

（四）田间管理

定植后 5~7d，要密闭温室，尽量提高温度，白天气温最高可达 35℃。缓苗后白天温度 30℃ 左右，夜间 15~18℃；开花结果期白天 25~27℃，夜间 16~18℃，低于 15℃ 和高于 35℃ 会影响花器的正常发育。

缓苗后，选晴天的上午浇 1 次水，此后一直到蔓长 30~40cm 而不再浇水，期间掀起地膜中耕 2~3 次。当蔓长 40cm 左右时可在膜下浇 1 次小水，同时进行 1 次追肥。为避免植株徒长，此次追肥最好是用腐熟的饼肥与少量化肥相结合进行，每亩可用饼肥 100kg 和硝酸铵 15kg，划沟埋施，再以水压肥。坐瓜后开始加强水肥管理，一般 5~7d 浇 1 次水，10~14d 1 次追肥。每次每亩可用硝酸铵或尿素或复合肥 15~20kg，几种肥料交替使用。

（五）植株调整

均采用单蔓整枝方式。由于冬瓜设施栽培是嫩瓜采收，因此可适当多留瓜、早采瓜，早采瓜也有利于其他幼瓜膨大。

（六）采收

当果实长至 2kg 左右时可开始采收，及早上市。

二、冬瓜小拱棚春早熟栽培

（一）整地施肥

每亩可施用优质农家肥 5 000kg、过磷酸钙 100kg、硫酸钾 15~20kg、尿素 20kg，也是采取地面撒施与集中沟施相结合的办法进行施肥。然后作宽 80~90cm 的畦，每畦种植 2 行。

（二）定植

按行距 40~50cm、株距 35cm 坐水定植。

（三）田间管理

定植后要密闭棚膜，尽量提高温度，一般要求晴天白天 28~32℃，夜间 12~15℃，夜间要特别注意防寒保温。缓苗后白天 25~28℃，夜间 15~18℃。开花结果期白天 30℃ 左右，夜间 16~18℃，期间要注意白天棚内的高温危害，而夜温过高又易引起徒长，需要及时进行通风降温。缓苗后浇 1 水，而后进入中耕蹲苗阶段，可一直持续到开花坐瓜。果实膨大期要加强水肥管理，每次每亩可追施复合肥 20kg 左右。

（四）植株调整

植株开始甩蔓后进行盘条，棚膜揭除后即开始插架，并将经过盘条的主蔓绑引到架杆上，采用单蔓方式整枝，摘除所有侧枝。当主蔓长有 13~16 片叶时，大部分果实已经坐住，即可进行主蔓摘心。

与其他设施栽培方式类似，当果实长至 2kg 左右时可开始采收。

第五节 苦 瓜

设施栽培

（一）播种育苗

设施栽培低温期育苗注意防寒保温，尽量满足幼苗生长对温度的要求，但夜间温度不要高，以免影响其花芽分化，还可用丝瓜作砧木进行嫁接育苗，提高其抗性。高温期育苗要注意防雨、防虫、防草和防高温。

（二）整地作畦

每亩可施优质农家肥 5 000~7 500kg、过磷酸钙 50~75kg 或磷酸二铵 50kg 或三元复合肥 50kg，翻耕耙平作畦。可按畦宽 1.5m 作高畦，每畦 2 行，大小行栽培。

（三）定植

当幼苗长至 4~5 片真叶时即可定植，株距 35cm 左右。低温期要选择晴天进行开穴、坐水定植，定植后覆盖地膜；高温期要选择阴天定植，定植后浇水。

（四）田间管理

低温期定植后，设施内要保持较高的温度和湿度，以利缓苗，白天 28~30℃，夜间 14~18℃。而高温期定植后要注意防止高温烤苗，如棚室内温度过高，可适当遮阴降温。缓苗后至抽蔓期，白天 20~25℃，夜间 14~15℃；开花结果期白天 25~30℃，夜晚 15℃左右。

苦瓜喜欢湿润，甚至生长前期也应保持适当水分，地面不可太干，并可适当追施少量氮肥促秧。开花结果后，要有充足的水肥供应，土壤要保持湿润状态，可在坐瓜后、采收始期各追肥 1 次，每次每亩可追尿素或硫酸铵 10~15kg。中后期追肥以复合肥为主，每次每亩可追磷酸二氢钾或复合肥 15kg 左右，结果盛期可追肥 2~3 次。

（五）采收

设施栽培苦瓜价格高，更要注意及时采收嫩瓜上市。

第六节 丝 瓜

设施栽培

（一）培育壮苗

设施栽培所需丝瓜种子量较大，一般每亩须备种 1 000~1 500g。播前须进行种子处理。

（二）整地作畦

因为丝瓜根系入土较深，所以要注意适当深翻土地。丝瓜喜肥，每亩可施优质农家肥 7 500~10 000kg、腐熟饼肥 150~200kg、过磷酸钙 100~120kg、硫酸钾 40~50kg，地面撒施与开沟集中施肥相结合。可按宽 1.4m 作高畦，大行 80cm，小行 60cm。

（三）定植

为提高丝瓜前期产量和总产量，设施丝瓜要适当密植栽培，定植株距 35~40cm，每亩 2 000~2 500 株。开穴浇水，坐水栽苗，最后覆土；定植后覆盖地膜。

（四）田间管理

定植后至缓苗前保持一个相对高温高湿的环境，即闭棚不放风，以利缓苗。缓苗后适当通风降温，可浇 1 小水，而后开始中耕。抽蔓期可视情况浇 1 水，坐瓜之前可结合浇水追肥 1~2 次，每次每亩可施三元复合肥 15~20kg 或磷酸二铵 15~20kg 或稀粪

300~500kg。开花结瓜之前一般不留侧枝，当丝瓜蔓长到 30~40cm 时，即可开始插架绑蔓或吊蔓。结合绑蔓或吊蔓把卷须和第 1 雌花以下侧枝全部去掉。白天棚温 25~30℃，高于 32℃可适当放风，夜温 15~18℃。

丝瓜坐瓜后逐渐进入旺盛生长时期，枝叶生长量大，结瓜多，水肥需求量大，因此必须加强水肥、整枝和授粉等各项管理。结瓜后白天 25~32℃，但不超过 35℃，夜间 15℃以上，不低于 12℃。开花结瓜期每隔 8~10d 浇 1 次水，地面保持湿润，每 3 水要 2 次带肥。结合浇水，每次每亩可冲施腐熟稀粪 800~1 000kg或三元复合肥、尿素、磷酸二铵、硝酸钾等 20~25kg，几种肥料可交替使用。低温季节灌水要选择晴天的上午进行，并采取膜下暗灌，灌水后通风。还可使用二氧化碳气肥，使用气肥具有明显的增产效果。

（五）采收

在适宜条件下，丝瓜从雌花开放到商品瓜采收只需 1 周左右，低温季节 10~15d。当果梗光滑、瓜皮颜色变深、果面茸毛减少、手捏果面略有紧实感时即可采收。开始每隔 3~5d 采瓜 1 次，盛瓜期 1~2d 采瓜 1 次。采瓜时，用剪刀从果柄上部剪下，要避免损伤茎蔓。

第七节　瓜类蔬菜病虫害绿色防控

一、黄瓜蔓枯病

（一）症状

茎蔓、叶片和果实等均可受害。茎被害时，靠近茎节部呈现油渍状病斑，椭圆形或棱形，灰白色，稍凹陷，分泌出琥珀色的胶状物。干燥时病部干缩，纵裂呈乱麻状，表面散生大量小黑点。潮湿时病斑扩展较快，绕茎一圈可使上半部植株萎蔫枯死，病部腐烂。叶子上的病斑近圆形，有时呈"V"形或半圆形，淡褐色至黄褐色，病斑上有许多小黑点，后期病斑容易破碎，病斑轮纹不明显。果实多在幼瓜期花器感染，果肉淡褐色软化，呈心腐状。

（二）防治方法

1. 农业防治

（1）选用抗病、耐病品种。如津优 2 号、津优 3 号、津研 2 号等抗病性较好，可因地制宜优先选用。

（2）种子处理。选用无病种子或在播种前先用 55℃温水浸种 15min，捞出后立即投入冷水中浸泡 2min 至 4h，再催芽播种；或用 50%福美双可湿性粉剂以种子重量的 0.3%拌种。

（3）实行轮作。最好实行 2~3 年非瓜类作物轮作。

（4）加强栽培管理。增施有机肥，适时追肥，在施氮肥时要配合磷钾肥，促使植株生长健壮。及时进行整枝搭架，适时采收。保护地栽培要以降低湿度为中心，实行垄作，覆盖地膜，膜下暗灌，合理密植，加强通风透光，减少棚室内湿度和滴水。露地栽培避免大水漫灌。雨季加强防涝，降低土壤水分。发病后适当控制浇水。及时摘除病叶，收获后烧毁或深埋病残体。

2. 药剂防治

选用高效、低毒低残留药剂防治。发病初期及时喷药防治，可用 75%百菌清可湿性粉剂 600 倍液，或 70%代森锰锌可湿性粉剂 500 倍液，或 50%甲基硫菌灵可湿性粉剂 500 倍液，每 5~7d 喷 1 次，视病情连喷 2~3 次，重点喷洒瓜秧中下部茎叶和地面。发病严重时，茎部病斑可用 70%代森锰锌可湿性粉剂 500 倍液涂抹，效果较好。棚室栽培可用 45%百菌清烟雾剂熏蒸，每亩用量 110~180g，分放 5~7 处，傍晚点燃后闭棚过夜，7d 熏 1 次，连熏 3 次，可获得理想的防治效果。需要注意的是，合理混用或交替使用化学农药，可延缓病菌抗药性产生，大大提高防治效果。

二、黄瓜细菌性角斑病

（一）症状

主要为害叶片，也为害茎、叶柄、卷须、果实等。叶片受害，先是叶片上出现水浸状的小病斑，病斑扩大后因受叶脉限制而呈多角形，黄褐色，带油光，叶背面无黑霉层，后期病斑中央组织干枯脱落形成穿孔。果实和茎上病斑初期呈水浸状，湿度大时可见乳白色菌脓。果实上病斑可向内扩展，沿维管束的果肉逐渐变色，果实软腐有异味。卷须受害，病部严重时腐烂折断。

细菌性角斑病与霜霉病的主要区别如下。

（1）病斑形状、大小。细菌性角斑病的叶部症状是病斑较小，而且棱角不像霜霉病明显，有时还呈不规则形；霜霉病的叶部症状是形成较大的棱角，明显的多角形病斑，后期病斑会连成一片。

（2）叶背面病斑特征。将病叶采回，用保温法培养病菌，24h后观察。病斑为水渍状，产生乳白色菌脓（细菌病征）者，为细菌性角斑病；病斑长出紫灰色或黑色霉层者为霜霉病。湿度大的棚室，清晨观察叶片，就能区分。

（3）病斑颜色。细菌性角斑病变白、干枯、脱落为止；霜霉病病斑末期变深褐色，干枯为止。

（4）病叶对光的透视度。有透光感觉的是细菌性角斑病；无透光感觉的是霜霉病。

（5）穿孔。细菌性角斑病病斑后期易开裂形成穿孔；霜霉病的病斑不穿孔。

（二）防治方法

由于黄瓜角斑病的症状类似黄瓜霜霉病，所以防治上易混淆，造成严重损失。

1. 选用无病种子

从无病植株或瓜条上留种，瓜种用 70℃恒温干热灭菌 72h，或 50~52℃温水浸种 20min，捞出晾干后催芽播种，或转入冷水泡 4h，再催芽播种。用代森铵水剂 500 倍液浸种 1h 取出，用清水冲洗干净后催芽播种；用次氯酸钙 300 倍液浸种 30~60min，或 40% 福尔马林 150 倍液浸 1.5h，或 100 万单位硫酸链霉素 500 倍液浸种 2h，冲洗干净后催芽播种；也可每克种子用新植霉素 200μg 浸种 1h，用清水浸 3h 催芽播种。

2. 加强田间管理

培育无病种苗，用无病土苗床育苗；与非瓜类作物实行 2 年以上轮作；生长期及收获后清除病叶，及时深埋。保护地适时放风，降低棚室湿度，发病后控制灌水，促进根系发育，增强扰病能力；露地实施高垄覆膜栽培、平整土地、完善排灌设施、收获后清除病株残体、翻晒土壤等。在基肥和追肥中注意加施偏碱性肥料。

3. 药剂防治

可选用 5%百菌清粉尘，或 5%春雷霉素粉尘每亩 1kg，或新植霉素、农用链霉素 5 000 倍液，喷雾防治，每 7d 1 次，连续 2~3 次。也可喷 30%或 50%琥胶肥酸铜、50%代森锌、50%甲霜铜、50%代森铵、14%络氨铜、77%氢氧化铜等，连防 3~4 次。与霜霉病同时发生时，可喷施 70%甲霜铝铜或 50%瑞毒铜。也可选择粉尘法，即喷撒 10%乙滴、5%百菌清或 10%脂铜粉尘剂。

三、黄瓜（西葫芦）白粉病

（一）症状

属真菌病害，苗期至收获期均可染病，主要为害叶片，叶片发病初期在叶背或叶面产生白色粉状小圆点斑，后逐渐扩大为不规则边缘不明显的白粉状霉斑，病斑可连接成片，布满整张叶片，受害叶片表现为褪绿和变黄，发病后期病斑上产生许多黑褐色的小黑点，严重时病叶组织变为褐色而枯死。

病菌在病残体上越冬，随气流和水传播，气温 16~25℃。相对湿度 80% 以上，因通风不良、栽培过密、氮肥多、田块低洼而发病较重。

（二）防治方法

1. 选用抗病品种

2. 加强水肥管理

增施磷、钾肥，提高抗病力，合理密植，开沟排水，摘除老病叶，加强通风透气。

3. 药剂防治

发病初期用药，7~10d 1 次，连续 2~3 次，药剂有 40% 福星 600 倍液或 50% 锈粉威 1 000 倍液或 70% 护绿或 15% 三唑酮 1 500 倍液等。晴天喷药，喷雾足量、均匀。

四、瓜蚜

（一）症状

成虫和若虫在叶片背面和幼嫩组织上刺吸植物汁液，造成叶片卷曲变形，植株生长不良，严重时枯死；老叶受害提前老化枯落，缩短结瓜时间，造成减产；其排泄的蜜露可诱发霉污病的发生，影响叶片光合作用。此外，瓜蚜还传播多种病毒病，造成的为害远超过蚜害本身。

（二）防治方法

（1）蔬菜收获后，及时清理残株败叶；可用高温闷棚法消灭棚室中的虫源；设置银灰色地膜避蚜防病；利用黄板诱杀；保护和

利用田间蚜虫天敌，如在蚜虫初发期释放烟蚜茧蜂。

（2）可选用下列药剂，5%吡虫啉乳油 1 200~2 000 倍液，或 10%啶虫脒 4 000~6 000 倍液，或 25%噻虫嗪水分散粒剂 2 000 倍液。

五、瓜绢螟

（一）症状

主要为害丝瓜、苦瓜、黄瓜、甜瓜、西瓜、冬瓜等蔬菜。幼龄幼虫在叶背啃食叶肉，呈灰白斑。3 龄后吐丝将叶或嫩梢缀合，居其中取食，使叶片穿孔或缺刻，严重仅留叶脉。幼虫常蛀入瓜内，影响产量和质量。

（二）防治方法

及时清理瓜地和摘除卷叶，药剂可用 5%氟虫腈悬浮剂 2 000 倍液喷雾。

六、夜蛾类

（一）症状

初孵幼虫多群集叶背取食叶肉，残留表皮，3 龄后食量大增，啃食叶片、花、幼果、嫩茎，形成孔洞或缺刻，还可蛀入叶球、果实内为害，致使叶球、果实腐烂、脱落。

（二）防治方法

1. 提倡人工灭杀

根据该虫卵多产于叶片背面叶脉分叉处和初孵幼虫群集取食的特点，农事操作中摘除卵块和幼虫群集叶片，可大大降低虫口密度。

2. 物理防治

利用频振式杀虫灯诱杀害虫。

3. 药剂防治

在低龄幼虫期施药，药剂可选用 10 亿 PIB 奥绿 1 号悬浮剂 500~600 倍液，或杜邦安打 3 000~4 000倍液，或 20% 米满 1 500 倍液，或 0.6% 蛾尽乳油 1 500倍液等喷雾。

第二章 根菜类蔬菜设施栽培

第一节 芦 笋

一、芦笋温室栽培

（一）土壤选择

选择排灌方便、土层深厚的沙质土田块。

（二）育苗

1. 营养土配制

用垦松并晒白的蒜地土，施入10%腐熟粪尿，覆膜，堆积1个月后用多菌灵500~800倍液消毒，装入营养钵。

2. 播种

2月下旬，于晴朗天气晒种2~3d，在25~30℃恒温条件下催芽，经常保持种子湿润和通气。待10%种子露白后进行播种，营养钵中每钵1粒种子，用消毒营养土盖籽，盖籽深度不超过1cm。

3. 苗期管理

播种后加搭小拱棚，覆盖薄膜，苗床保持湿润，温度保持25~30℃。苗床视幼苗生长情况适当施肥，肥料以充分腐熟的粪尿为宜，除草采用人工方式，不宜用除草剂，防病选用波尔多液或50%甲基硫菌灵1 000倍液加25%多菌灵400倍液喷雾。

（三）定植

1. 整地作畦

将土壤深翻 30cm 后整平，每标准棚（30m×6m）施腐熟有机肥 1 000~1 500kg，再作畦开定植沟（第一次开沟不要太深）。

2. 定植方法

选择高 20cm 以上、茎数 4 条以上的健壮苗定植，株距 30cm，定植后浇稀薄人粪尿，再覆土 3~4cm。

（四）栽培管理

1. 施肥浇水

定植后视气温及幼苗生长情况确定追肥用量，视土壤墒情适当浇水。一般来讲，幼苗期每标准棚施尿素 4kg、氯化钾 2~3kg、过磷酸钙 3kg，采笋期适当施有机肥，每标准棚沟施有机肥，气温高时少施，进入留养母茎阶段，要重施有机肥，每标准大棚沟施有机肥 800~1 000kg、复合肥 6~8kg。

2. 中耕覆土

从开始抽新茎起，结合中耕进行覆土，每次覆土 2~3cm 厚。

3. 留母茎定植

当年尽量保留嫩茎，每段留取 2~3 条，到 10 月底最好使母茎茎秆达 8~10 条，横茎达 0.8cm 以上，高 1m 以上，根长 70cm 以上。一般翌年 3 月底 4 月初和 7 月底 8 月初边留母茎边采笋，9 月停止采笋，集中留养母茎。为防止母茎倒伏，最好用铁丝搭架加固。

二、芦笋大棚栽培

（一）育苗时间

每年 3—10 月，芦笋都可以播种育苗。当芦笋小苗出土 50~

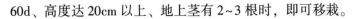

60d、高度达 20cm 以上、地上茎有 2~3 根时，即可移栽。

（二）育苗方法

一般每亩用种 50g。种子先用井水浸泡 3d，每天换水 1 次。

用湿毛巾将种子包起来，放在室内空盆中常温催芽。每天冲洗毛巾和种子 1 次。3 ~ 4d 后，当 10% 的种子露白时，即可播种。

每亩大田需 25m² 育苗畦。将 1kg 42% 复合肥撒于 25m² 育苗畦内，将肥、土混合均匀。每亩大田需营养钵 2 400 个，钵内营养土要装满，将钵体挤紧排严，不留缝隙。

苗床营养钵先灌足大水，待水渗下后再播种，然后盖土2~3cm。

（三）大棚标准

栽培芦笋的大棚，多采用不锈钢骨架和面包棚结构，长 50 ~ 70m，宽 6~8m，顶高 3.2m，肩高 1.6m 以上。如果采用弧度太大、边高太低的蔬菜大棚种植芦笋，则边行栽培的芦笋要距离棚脚 1m以上。

（四）肥料施入

每亩施烘干或者腐熟的鸡粪、鸭粪、牛粪、羊粪 5 ~ 10m³ 和42% 芦笋配方肥 50kg 作底肥。肥料施入后，将棚内地块全部深翻30~40cm，然后耙平。

第二节 胡萝卜

一、胡萝卜塑料中、小棚栽培

（一）施足基肥，精细整地

胡萝卜为根菜类蔬菜，应避开黏性土壤、连茬地块或有线虫为害的地块。选择土层深厚、土壤肥沃、灌排水良好、通透性好的沙壤土或壤土，对幼苗出土、生长发育及根的膨大十分有利。

播前深耕细耙，施足基肥，亩施圈肥4 000~5 000kg、过磷酸钙或磷酸二铵20~25kg、硫酸钾25~30kg，或施用撒可富30~40kg，撒匀耕翻，耕层深度25cm左右，整平后作畦。

（二）适期播种

确定适宜播期是获得春胡萝卜高产高效的关键，胡萝卜春播过早容易抽薹，过晚播种导致肉质根膨大处在25℃以上的高温期，易产生大量畸形根，影响品质。胡萝卜肉质根膨大的适宜温度在18~25℃，为了避开后期高温，应在适宜播期范围内尽量早播。一般当5cm地温稳定在12℃以上，日平均气温达到14.5℃时即可播种。

（三）浸种催芽

由于胡萝卜种子发芽率较低，一般只有65%~70%，如果发芽条件差或采用陈种子，则发芽率更低。早春小拱棚胡萝卜因气温低，不利于种子发芽和出土。为了保证胡萝卜种子出苗整齐和幼苗苗壮，可采用浸种催芽后再播种，可提早出苗5~6d。方法是：播种前搓去种子上的刺毛，将种子放在30~40℃温水中浸泡12h，捞出后放在湿布包中，置于25~30℃下催芽，每天早晚用清水冲洗一次，保持种子湿润和温湿度均匀，3~4d待大部分种子露白芽后播种。精细加工发芽率高的种子一般亩用种量300g。

（四）播种扣棚

由于春季干旱少雨，播种时可作平畦开沟撒播。一般畦宽2m，净畦面宽约1.8m，可播种8~10行，即行距18~22cm，开沟深约2cm。为了播种均匀，可掺沙土撒播。播后覆土，搂平镇压。然后浇水，水渗后贴畦面覆盖地膜，跨畦面插竹竿拱架，覆盖棚膜，四周压严。

（五）棚内温度管理

播种后出苗前，温度应高些，棚内温度可控制在28~30℃，白天应尽量提高棚内温度，一般播后10d左右出苗，出苗前应及时撤去地膜，出苗后视天气情况适当放风，降低棚内温度和湿度，白天为20~25℃，夜晚气温尚低，密闭风口，以保温为主。

二、胡萝卜日光温室栽培

（一）整地施肥

同时，每亩施腐熟优质有机肥2 500~3 000kg。播种前从脚底浇水，耙土2~3遍，深度20cm以上。

（二）种子处理

播种前，将种子用温水浸泡3~4h，放入干净湿润的纱布中促进发芽，保持温度在20~25℃，及时洒水保持种子湿润，当大部分种子呈白色时播种。

（三）播种方法

温室日平均气温在10℃以上时，秧苗可以在平床上播种。播种后，可以用塑料薄膜覆盖，还可以加一个小拱棚，使其保暖湿润。出土后，除去塑料薄膜，每亩定植3万株。

（四）间伐除草

一般播种后10~15d出苗。当有1~2片真叶时，应间苗，苗子之间的距离为4cm，将小苗、弱苗、杂苗剔除，留大苗、壮苗。同时，进行第一次浅耕。当有4~5片叶子时，固定苗子，苗与苗之间的距离应为6~10cm。保持土壤湿润，杂草出现后立即拔除。

（五）水肥管理

平时浇水要轻、均匀、适当，避免水淹或出现突然干湿的情况，这样容易产生根系开裂。胡萝卜苗期需肥量不大，基肥充足。一般不考虑追肥。追肥应在肉质根膨大期进行，以促进根茎膨大。整个生育期一般追肥2~3次。

第三节 萝 卜

一、萝卜塑料中、小棚春提早栽培

（一）播种

播前整好地，每亩施优质农家肥3 000kg、磷酸二铵20~30kg，然后深翻细耙，做成1m宽的畦，也可垄作。采用条播，每亩播量2kg左右，播后覆土2cm厚。注意播前浇水造墒。

（二）播种后管理

播种后白天温度20~25℃，夜间10~13℃。出苗后注意通风，白天温度15~20℃，夜间8~10℃。真叶展开后分两次间苗，据不同品种，苗距一般为7~13cm。在播后半个月左右进入破肚期，这时开始浇水追肥，可随水追硫酸铵20kg。萝卜长至1cm粗时不要缺水，以防糠心，并视土壤肥力情况可适当追肥。

（三）收获

萝卜收获可在3月下旬开始，也可分次间拔收获，分批上市。

二、白萝卜早春温室高产栽培

（一）整地、施肥、作畦技术

温室栽培的萝卜宜选择土层深厚、排水良好、土质肥沃的沙壤土。整地要求深耕、晒土、细致、施肥均匀。目的是促进土壤中有效养分和有益微生物的增加，同时有利于蓄水保肥。一般亩施腐熟有机肥4 000~5 000kg、磷酸二铵40kg，进行30~40cm深耕，整细耙平，然后按 80cm 宽、30cm 深作高畦备用。

（二）播种

温室萝卜播期一般在 11 月下旬至 12 月上旬，选择籽粒饱满的种子在做好的畦面上双行播种，每穴 2~3 粒种子，覆土 1cm 厚，按行距 40cm、株距 25cm 在畦面上点播。

（三）苗期管理

萝卜出土后，子叶展平，幼苗即进行旺盛生长，应掌握及早间苗、适时定苗的原则，以保证苗齐、苗壮。第一次间苗在子叶展开时，3 片真叶长出后即可定苗。

（四）田间管理

（1）水肥管理。萝卜定苗后破肚前浇 1 次小水，以促进根系发育；进入莲座期后，叶片迅速生长，肉质根逐渐膨大，应立刻浇水施肥，每亩冲施硫铵 20~25kg；萝卜露肩后结合浇水，每亩冲施三元复合肥 30~35kg，此时是根部迅速膨大期，应保持供水均匀，土壤湿度保持 70%~80%；浇水要小水勤浇，防止一次浇水过大，地上部徒长。

（2）其他管理。温室萝卜浇水后要及时放风，能有效降低棚内湿度，防止病虫害发生；中耕松土宜先深后浅，全生育期 3~4 次，保持土壤的通透性并能有效防止土壤板结。另外，生长初期须培土拥根，使其直立生长，以免产品弯曲，降低商品性。生长中后期要经常摘除老黄叶，以利于通风透光，同时加强放风，有条件情况下进行挖心处理。

（五）采收

在 3 月底 4 月初，萝卜根充分肥大后，即可采收上市，萝卜叶留 10~15cm 剪齐，既美观又增加商品性。

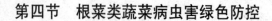

第四节　根菜类蔬菜病虫害绿色防控

一、霜霉病

（一）症状

整个生长期均可发病，发病一般从植株下部开始，叶片上形成由叶脉包围的病斑。病斑的背面薄薄地形成灰白色的霉。病情严重时从下叶开始枯死，但不侵害心叶。

（二）防治方法

可选用 72%霜脲氰可湿性粉剂 800~1 000 倍液，或 52.5%抑快净水分散性粒剂 2 000~2 500 倍液，或 64%安克锰锌可湿性粉剂 1 000 倍液，或 50%安克可湿性粉剂 3 000 倍液，或 58%金雷多米尔锰锌可湿性粉剂 800 倍液，或 72.2%霜霉威水剂 800 倍液，每7~10d 进行叶面喷雾，连续 2~3 次。

由于病叶是下一次的侵染源，收获时应将病叶收集深埋。

二、黑腐病

（一）症状

细菌性病害，感染黑腐病后从植株叶缘开始变黄色。病势逐渐发展后，与健全植株比较，根部稍带米黄色，切开与健株比较，根的内部变空，呈黑色。在诊断上应予注意是否有软腐病菌的侵入。

（二）防治方法

黑腐病病菌附着在种子上或在土壤中残存，从虫害等的伤口侵入。进行种子消毒和防治虫害很重要。

（1）种子处理。温水（55℃）浸种 5min，或药剂处理种子都有效。

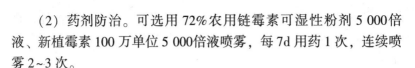

（2）药剂防治。可选用72%农用链霉素可湿性粉剂5 000倍液、新植霉素100万单位5 000倍液喷雾，每7d用药1次，连续喷雾2~3次。

三、软腐病

（一）症状

细菌性病害，感染软腐病的根菜类蔬菜下部叶片没有生机，变黄色、枯萎，拔起来看，连接叶的根部呈米黄色水浸状软腐。根的内部为淡褐色，病情严重时根变空并散发出恶臭。

（二）防治方法

参照黑腐病。

四、病毒病

（一）症状

感染了病毒病的萝卜，开始时新叶呈浓淡绿色镶嵌的花叶状，有时发生畸形，有的沿叶脉产生耳状凸起。叶片逐渐变黄、皱缩、生长差。如幼时受侵染，植株矮缩，根不膨大。

（二）防治方法

目前还没有有效的化学方法防治植物病毒病，必须采取综合防治措施防治病毒病。如选用抗病或耐病品种，避免种子种苗带毒，栽培防病（通过提前或推迟播种期）减轻病毒病发生程度，控蚜防病（拉挂银灰色条）等，同时防止接触侵染，接触病株后要用肥皂洗手，以钝化病毒。

五、蚜虫

（一）症状

萝卜蚜，俗称菜蚜。主要为害萝卜、甘蓝等十字花科蔬菜，属同翅目蚜虫科。其在长江流域年发生 30 代左右，有趋嫩习性，喜欢集结在菜心及花序嫩梢上刺吸汁液，造成幼叶畸形卷曲，生长不良。

（二）防治方法

物理防治可选择防虫网覆盖，黄板诱蚜。根据蚜虫多生于心叶及叶背皱缩处的特点，喷药一定要细致、周到。在用药品种上，可选择具有触杀、内吸、熏蒸 3 种作用的药剂。

六、猿叶甲

（一）症状

猿叶甲有大猿叶甲和小猿叶甲两个近似种，别名乌壳虫、黑壳虫。属鞘翅目叶甲科，每年发生 2~3 代，主要为害白菜、芹菜、花菜、萝卜等十字花科蔬菜。猿叶甲成虫和幼虫均可为害，取食叶片，使叶片呈缺刻或孔洞，严重时食成网状，仅剩叶脉，造成减产，品质下降。

（二）防治方法

可选用 50% 辛硫磷 800 倍液泼浇，或 36% 啶虫脒水分散粒剂 5 000 倍液喷雾。防治时可兼治黄曲条跳甲，因两虫为害时间接近。

七、茴香金凤蝶

（一）症状

主要为害萝卜，也可为害芹菜。茴香金凤蝶老熟幼虫的主要特征，是体具绿色和黑色条纹，低龄幼虫则具白色和黑色的斑驳花纹。如果轻轻地触动一下，就伸出橙色的臭丫腺，释放出臭味。幼虫食叶，食量很大，影响作物生长，即使虫量不多，造成的为害也相当严重。幼虫夜间活动取食。成虫卵散产于叶面。

（二）防治方法

零星发生时，可不必单独防治。田间虫量多时，在低龄幼虫期使用广谱性常规农药即可，如选用 0.36% 苦参碱水剂 1 000 倍液喷雾。

第三章　茄果类蔬菜设施栽培

第一节　番　茄

一、番茄小拱棚早春茬栽培

早春利用小拱棚栽培番茄，可于 5 月中旬收获，较露地春番茄栽培提早上市 20 余天，早熟效果明显，经济效益显著。

（一）培育壮苗

采用营养钵或穴盘护根育苗措施。营养钵育苗苗龄 80～90d，幼苗株高 20cm 左右，7～8 片叶，现大花蕾。穴盘育苗，苗龄 60d 左右。

（二）整地施肥

入冬前对种植土地进行深耕冻垡，开春后及时耕地，每亩施有机肥 3 000～5 000kg、过磷酸钙 40kg、尿素 20kg、硫酸钾 20kg，全部肥料 2/3 普施，1/3 垄施。依据小拱棚覆盖畦面的宽度作垄，一般多采用 4m 农膜覆盖 2.5m 的畦面，小拱棚内定植 3 垄 6 行番茄。

（三）定植

当小拱棚内地温稳定在 10℃ 以上时方可定植，一般在 3 月上旬。在适宜定植期内根据天气预报适时定植十分必要，定植时间晚，早熟效果差，定植过早地温低，易造成根系伤害，缓苗期长。

定植应在"寒尾暖头"的天气进行，定植时在垄上开沟，然后沿沟浇小水，并按 25cm 株距摆苗后起土封垄，扫平垄面，覆盖地膜。

（四）田间管理

1. 通风

定植后 1 周左右不放风，以便提高地温促进缓苗。若中午气温超过 35℃时，可在拱棚两端和中部开小口放风，缓苗后浇缓苗水。

2. 中耕

当拱棚内垄间土壤墒情适宜时，进行中耕，深度达 20cm 以上，并打碎坷垃，以利提高地温，促进根系生长。

3. 支架

拱棚番茄一般搭篱架，在每垄番茄的两边相距 150cm 埋入一木桩，木桩地上部高度为 60cm 左右，然后在木桩上每隔 30cm 水平绑一道竹竿，把番茄的蔓绑在竹竿上。

4. 整枝

自封顶类型品种采用改良单干整枝，无限生长型品种采用单干整枝，留 2~3 穗果打顶。

5. 温度管理

缓苗后白天温度 23~27℃，28℃以上不宜超过 1h，下午 20℃封闭通风口。进入 4 月下旬，气温升高后经 1 周时间的通风锻炼，最后揭去棚膜。

二、番茄塑料大棚早春茬栽培

该茬栽培是在温室内育苗，大棚内定植，5—6 月供应市场的一种番茄高效栽培模式。主要是在温室番茄的供应后期、露地番茄大量上市前这一段时间供应市场。

（一）培育壮苗

冬季日照短、阴天多，应注意加强幼苗通风、见光，由于幼苗花芽分化期昼夜温差过大，易畸形，因此，夜间温度不能过低，一般不应低于8℃。由于春季大棚内地温偏低，发根慢，因而应采用护根育苗措施，以缩短缓苗期。

（二）定植

定植前每亩施有机肥3 000~5 000kg、过磷酸钙50kg、尿素20kg、硫酸钾15kg，施肥后深翻耙细整平。在番茄苗定植前半个月左右扣盖好大棚薄膜，并封闭大棚升温，当棚内10cm地温稳定在10℃以上时开始定植。单层覆盖大棚一般在3月上旬定植，大棚内加盖小拱棚时可提早到2月下旬定植。在定植前5~7d先把定植沟浇足水，定植时只需浇少量的水把苗根周围的土湿润即可。定植选晴天上午进行，按行距50cm、株距25cm，每垄两行定植番茄。定植后1周内不通风，使温度维持在30℃左右，土壤墒情适宜时，中耕松土，提高地温。

（三）田间管理

番茄定植缓苗后，逐渐加大通风量，使棚内温度白天20~25℃，夜间15~18℃，空气湿度维持在60%左右。采取单干整枝，留3穗果打顶。花期用40~50mg/kg的防落素蘸花以保花保果。结果后防止植株早衰。

田间大部分植株坐果后，可浇第1水，而直到拉秧前1周，采用膜下浇暗水的方法小水勤浇，始终保持地面湿润。第1次浇水时，随水冲施1次速效氮肥，每亩冲施尿素10kg。第1穗果采收前，再冲施1次速效氮肥保秧。结果期间还应加强叶面追肥，可喷洒100倍液的磷酸二氢钾肥液。盛果期外界温度逐渐升高，应逐渐加大通风量。5月上中旬，外界温度稳定在15℃以上时即可昼夜大通风，为避免环境急剧变化，当外界环境适宜时仍保留大棚农膜，

以防裂果和秧子早衰。

（四）采收

大棚春茬番茄一般在 5 月上旬开始采收，为提早上市，可在果实进入白熟期时，采用 40％乙烯利 400 倍液，涂抹番茄果实，可使果实提前成熟 1 周左右。

三、番茄日光温室秋冬茬栽培

该茬番茄生育期较短，生育前期（7、8 月）高温、干旱、多雨，昼夜温差小，病毒病易于流行；中后期气温低，需覆盖保温，温室内湿度较高，易发晚疫病、灰霉病等病害。因此，在该茬番茄栽培中，前期应重点防止病毒病的发生，促进坐果，后期加强防治晚疫病、灰霉病，以确保该茬番茄的丰产增收。

（一）适期播种，培育壮苗

不论采用早熟品种还是晚熟品种，该茬番茄早播都面临着病毒病的威胁，而播种过晚则不能在预期的时间上市，一旦 11 月出现低温寡照天气，产量也大受影响。用早熟品种，多在 7 月 25—28 日播种；选用晚熟品种，多在 7 月 5—10 日播种。采用遮阴防雨育苗设施，播种前 3～4d，先将种子用 10％磷酸三钠浸种 20min，进行消毒，然后用清水洗净药液，再将种子放入 55℃温水中，恒温处理 10min，然后搅拌至室温进行浸种。催芽后播种于遮阴棚内，第 1 片真叶展平时分苗于营养钵内，仍置于遮阴棚内培育。苗龄 30d 左右，当幼苗长有 4～5 片真叶时，即可定植到温室内。为防止定植后幼苗徒长，于定植前 1 周对幼苗叶面喷施 8～12mg/kg 的多效唑进行化控。

（二）整地、作畦、定植

定植前每亩施腐熟有机肥 5 000kg、过磷酸钙 50kg、尿素 30kg、硫酸钾 25kg，深耕细耙，整平地块。按宽行 70cm、窄行

50cm 开沟放苗, 早熟品种株距 30cm, 晚熟品种株距 35cm, 然后覆土浇水, 并做到随定植、随浇水。

(三) 田间管理

1. 中耕

定植后当土壤墒情适宜时进行中耕培土, 一般培垄高 15 ~ 20cm 为宜。

2. 整枝、吊蔓

晚熟品种采用单干整枝, 留 4 穗果后留 2 片叶摘心; 早熟品种宜采用侧枝延伸整枝法, 即只保留最上部侧枝, 主茎封顶后, 最上部侧枝代替主茎继续延伸, 达到要求的果穗数后留 2 片叶摘心。该茬番茄一般采用吊蔓, 因架面较低可采用 "人" 字形架吊蔓。

3. 保花保果

该茬番茄生长前期温度高, 不利于授粉受精, 应采用 25 ~ 50mg/kg 的防落素进行保花保果。

4. 扣棚前后的管理

该茬番茄在黄淮地区 10 月上旬要进行扣棚转入保护栽培。第一, 扣棚前要打去 2~3 片叶下部的老叶或病叶以利通风。第二, 喷 1 次杀菌剂, 防止晚疫病和灰霉病发生。第三, 扣棚前 3~4d 追肥浇水, 避免扣棚后追肥浇水导致高湿, 诱发病害。第四, 扣棚后保持白天 23~25℃, 夜间 13~15℃。进入 11 月中旬, 加盖草苫保温, 最好加盖防雨膜, 以提高温室夜间温度。棚内空气相对湿度保持在 55% ~ 65%, 注意放风排湿, 防止病害发生。

5. 水肥管理

该茬番茄因后期温度低, 宜及早追肥, 第 1 花穗第 1 个果明显

坐稳后即进行追肥。生长期追肥 2~3 次，每次每亩追尿素 15~
20kg，并在第 2 次追肥时，结合尿素追施硫酸铵 10~15kg。扣棚后
配合防病可叶面喷施 0.3% 的磷酸二氢钾，进行叶面喷肥。

（四）采收与贮存

该茬番茄一般在 11 月中旬开始采收，因延迟收获价格高，一
般不进行催熟。至 1 月上中旬腾茬时，青果可放在温度 10~12℃、
空气相对湿度 70%~80% 的条件下贮藏，采取升温或乙烯利催熟后
供应市场。

四、番茄日光温室越冬茬栽培

该茬番茄可于元旦、春节上市，社会效益和经济效益均为显
著。该茬番茄于 9 月上旬育苗，11 月上旬定植后，由于定植后连
续阴天较多，造成植株前期难以坐果，后期发生早衰。目前已普遍
采用提前育苗分段结果的技术，实现了该茬番茄的稳产栽培。

（一）培育壮苗

该茬番茄的播种期，8 月上旬播种，使元旦、春节上市的果实
在 10 月天气较好的情况下形成，从而保证越冬茬番茄在年内结 5~
6 穗果。

（二）整地施肥

定植前要施足底肥，尤其是腐熟农家肥，要求每亩普施农家肥
5 000kg 以上，施肥后深翻 30cm，耙平地面。按 60cm 小行、90cm
大行开沟，把 15kg 尿素、15kg 硫酸钾、40kg 过磷酸钙与 1 000kg
烘干鸡粪混匀施入沟内，然后在沟内浇水，土壤墒情适宜时起土
作垄。

（三）定植

该茬番茄一般苗龄 1 个月左右即可定植，1 垄双行，按 50cm
株距定植，然后浇足定植水，定植后暂时不覆盖地膜。

（四）田间管理

1. 中耕培土、覆盖地膜

定植后当土壤墒情适宜时，进行中耕培土，应中耕 10cm 深，对番茄培土不少于 3cm，有条件的可在中耕 1 周后再进行 1 次中耕培土。通过培土把大行内大部分的表土培在窄行定植垄上。然后扫平垄面，用 1.3m 宽地膜覆盖窄行的 2 行番茄，垄面上或小高垄间地膜要拉紧拉平。冬季在 2 个小高垄间进行暗膜灌水，以降低环境空气湿度。

2. 吊蔓、整枝

越冬茬番茄生育期较长，可采取吊蔓方式，即用麻绳或尼龙绳，下部绑在番茄根部近地面处，或拴在木桩上插在番茄植株旁边，上部绑在 1.5~2.4m 高的铁丝上。越冬茬番茄有单干整枝、连续换头整枝等多种整枝方法。整枝方法与土壤肥力、气候条件有关。在冬季低温寡照时间较长的地区，如采用单干整枝，在 12 月至翌年 1 月多因低温寡照发生坐果不良，因此采取摘心换头分段结果的整枝方法比较适宜。摘心换头的时间依气候条件变化而定，多于 5~6 穗果坐住时进行摘心，然后在植株顶部选留 1~2 个侧枝，当侧枝长有 3~4 片叶时去掉 1 侧枝，另一侧枝再留 2 片叶进行摘心，如此重复，直至进入 1 月中旬，选一个顶部侧枝让其生长，该侧枝在春季温光条件好转的条件下进入第 2 次结果阶段，直至 6—7 月。

3. 追肥

采用摘心换头分段结果的整枝方式时，在第 2 穗果膨大时进行第 1 次追肥，每亩追尿素 15kg；在第 4 穗果膨大时进行第 2 次追肥，每亩追尿素 10kg。然后在换头后翌年进入第 2 次结果时，在第 1 果穗第 1 个果坐住后，进行第 3 次追肥，每亩追施尿素 10kg；第 3 穗果坐稳后进行第 4 次追肥，每亩追尿素 15kg、硫酸钾 15kg；

第 5 穗果坐稳后进行第 5 次追肥，每亩追尿素 10kg。

4. 水分管理

定植时浇足定植水，第 1 穗果实开始膨大时再浇水，配合第 2 穗果实膨大时追肥，浇第 2 水。在冬季低温弱光条件下，如果不是特别干旱应尽量减少浇水，在 12 月至翌年 2 月可在膜下浇小水。翌年 2 月中旬，番茄进入第 2 次结果高峰期，应保持地面湿润。

第二节　茄　子

一、茄子小拱棚春早熟栽培

（一）播种育苗

12 月中旬在温室内催芽播种，播种后覆土 1cm，并于畦面覆盖地膜保湿增温。播种后苗床温度白天不低于 25℃，30℃ 以上时可适当通风，夜间保持 17℃ 左右。采用营养钵或营养土方育苗，2~3 叶时分苗，定植前 7~10d 降温炼苗，白天 20℃，夜间不低于 13℃。苗龄 90~100d，苗高 20cm 左右，大部分植株显蕾时定植。采用穴盘育苗时，选用 50 孔穴盘，日历苗龄为 60d 左右。

（二）定植

小拱棚茄子一般于 3 月中旬定植，如夜间加盖草苫可提早到 3 月上旬定植。垄距 75~80cm，每垄定植 2 行，株距 33cm。定植后覆盖地膜，浇定植水。

（三）田间管理

由于定植初期地温低，要特别注意防寒保温。定植后 5~7d 不通风，保持棚温 25~28℃。进入 4 月中下旬，外界最低气温稳定在 12℃ 以上时要昼夜通风，夜温稳定在 15℃ 以上时即可揭去农膜。

"门茄"坐稳后，于垄间每亩开沟施尿素 10kg，然后浇水。以

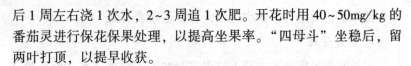

后1周左右浇1次水，2~3周追1次肥。开花时用40~50mg/kg的番茄灵进行保花保果处理，以提高坐果率。"四母斗"坐稳后，留两叶打顶，以提早收获。

（四）采收

小拱棚春早熟茄子栽培，一般于5月中旬采收上市。

二、茄子日光温室越冬茬栽培

日光温室越冬茬茄子一般于1月上旬开始采收，在2月温度光照条件逐渐适宜时大量结果，在早春大量上市，能够获得较高的经济效益。

（一）播种育苗

为防止黄萎病，可用1%高锰酸钾溶液浸种30min，播种后出苗前保持地温在20℃以上，当幼苗80%出土后，应及时撤去地膜，并适当降温，此时白天温度控制在20~25℃，夜间15~17℃。在真叶出现时进行间苗，2~3片真叶时分苗，采用营养钵进行护根育苗。

（二）定植

定植前进行温室消毒，按每立方米空间用硫黄4g、80%敌敌畏0.1g、锯末8g，混匀后点燃，封闭温室1昼夜，定植前每亩施入有机肥5 000kg，深翻耙平。按小行距50cm、大行距70cm作垄，按38~40cm的株距定植，定植后在两小行间垄上覆盖地膜，浇透定植水。

（三）田间管理

1. 温度管理

缓苗后保持白天25~30℃，夜间15~20℃，2月中旬以后，天气逐渐转暖，保持白天温度25~30℃，夜间18℃左右，地温不低于13℃。久阴乍晴要注意中午前后回苫遮阳，以后随外界温度的逐渐升高，加大通风量，延长通风时间。4月下旬后昼夜通风。

2. 水肥管理

一般在浇足定植水、缓苗水后，直到门茄"瞪眼"前控制浇水。门茄"瞪眼"后开始在地膜下浇暗水。2月中旬后温度升高，地温达18℃以上时，明暗沟均可灌水，灌水后加强通风排湿。"门茄"坐稳后结合浇水进行追肥，冬季要适当控水，进入2月中旬后保持地面湿润，每采收2次果进行1次追肥。

3. 保花保果

为防止茄子落花和产生畸形果，可用40~50mg/kg的防落素溶液涂花或蘸花，促进坐果。

4. 采收

"门茄"开花后20~25d即可采收嫩果，从1月上中旬开始采收可一直采收到7月。

第三节　辣　椒

一、辣椒小拱棚早春茬栽培

小拱棚辣椒栽培具有投资小、早熟效果明显（较露地提早15~20d）、经济效益显著等特点，生产上栽培面积大。

（一）播种育苗

早春小拱棚辣椒可于12月中旬采用温室播种育苗，也可于11月上旬采用阳畦播种，12月下旬幼苗长有2~3片叶时分苗于温室中。

（二）整地作畦

开春后及早整地，每亩施有机肥4 000~5 000kg、尿素15kg、硫酸钾20kg、磷酸二铵20kg做底肥。多采用4m宽农膜覆盖

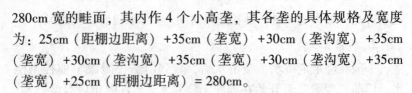
280cm 宽的畦面，其内作 4 个小高垄，其各垄的具体规格及宽度为：25cm（距棚边距离）+35cm（垄宽）+30cm（垄沟宽）+35cm（垄宽）+30cm（垄沟宽）+35cm（垄宽）+30cm（垄沟宽）+35cm（垄宽）+25cm（距棚边距离）= 280cm。

（三）定植

当外界最低气温稳定在 5℃ 以上、拱棚内 10cm 地温稳定在 13℃ 1 周时即可定植，一般在 3 月上中旬。定植前 1 周扣棚烤畦，采用先覆膜后定植的方法时（也可先定植后覆膜），可在覆膜后浇水洇垄。定植穴距 33cm，三角形定植，4m 宽农膜覆盖 280cm 宽的畦面，栽 4 垄 8 行辣椒。每亩栽 4 700 穴，每穴双株，共栽 9 400 株。试验表明，在相同栽培密度条件下，单株定植较双株定植增产，双株栽培时的单株营养面积小，长势不均匀，不利于产量提高。

（四）田间管理

1. 温度

定植到缓苗，白天最高温度可达 32℃，夜温 15℃ 左右，定植后闭棚 1 周不放风，以利缓苗。缓苗后，白天中午前 23~27℃，利于光合作用，午后 25~28℃，以利提高夜温。前半夜 15℃ 左右，翌日早晨 10℃ 左右。4 月中旬后，逐渐加大通风量，晴天中午揭去农膜，5 月初全天揭去农膜。

2. 追肥

需肥主要集中在结果期，第 1 果实（门椒）坐稳时，对椒、四门斗椒也正在膨大，上部枝叶继续生长，是追肥的关键时期。当门椒长 2~3cm 时，每亩追施尿素 10kg，追肥后浇水。当门椒采收时进入结果盛期，进行第 2 次追肥，每亩追施尿素 15kg 和硫酸钾 15kg。

3. 灌水

定植时浇透底水，或预浇定植底水；缓苗后可浇 1 次小水进行中耕蹲苗；门椒开始膨大后开始浇水，随着外界温度的升高和进入结果盛期，浇水次数和浇水量要逐渐增加，并结合追肥浇水。

（五）采收

春小拱棚辣椒早熟栽培于 5 月中旬开始采收，6 月上旬进入盛果期，7 月中旬采收结束，每亩产量可达 2 500~3 000kg。

二、辣椒塑料大棚秋延茬栽培

辣椒商品成熟的青果和生理成熟的红果均可作为商品出售，黄淮地区，在 8 月下旬至 10 月上旬的露地条件下和 10 月中下旬至 11 月上旬的农膜覆盖条件下，其自然环境和设施环境十分适宜辣椒生长。塑料大棚秋延后栽培把辣椒结果期安排在适宜其生长的季节，其间完成结果和果实发育，在冬季低温弱光条件下采取保温措施使辣椒果实进行"挂棵贮藏"免受冻害，于冬季辣椒价格升高后出售，是一种科学高效的辣椒种植方式。

（一）培育壮苗

选用 3 年内未种过茄科蔬菜的大田表土 6 份和腐熟农家肥 4 份配制育苗培养土。塑料大棚秋延后辣椒栽培的适播期为 7 月中下旬，每亩用种量为 50~80g。播前种子经晾晒后，用清水浸泡 2~3h，洗净后用 10%磷酸三钠浸种 20~30min，然后取出用清水洗净进行催芽。采用遮阴防雨育苗设施，1 叶 1 心时分苗，单株分苗至营养钵或营养土方，进行护根育苗。采用小苗 5 片叶的苗子定植，因此该茬更适宜采用穴盘育苗。

（二）整地作畦

定植前 15d 开始整地，并施足底肥。采用一垄双行栽培，为延迟上市，冬季须采用大棚内扣小拱棚、小拱棚上加草苫的方式进行保温，因此作垄的方法与小拱棚栽培相同。

(三) 定植

定植期可安排在 8 月中下旬，进入 11 月后要进行多层覆盖。该茬辣椒定植初期气温高，起苗、栽苗注意不要损伤根系，边栽苗边浇定植水，定植完后要浇透定植水。定植株距 25cm，每亩 6 500 株左右。具体定植方式与小拱棚栽培时相同。

(四) 田间管理

该茬辣椒蹲苗要轻，及早追肥、浇水，促进发棵。

1. 温度

该茬辣椒定植后在露地生长，10 月中旬开始扣棚，扣棚后晴天白天维持棚温 13~25℃，10 月下旬当外界夜间气温降至 8~13℃时扣严大棚农膜。11 月上中旬，当外界夜间气温降至 4~7℃时，加盖小拱棚；当外界夜间气温降至 3℃ 以下时，小拱棚上还要加盖草苫保温；当夜间气温降至 -5℃ 以下时，小拱棚的草苫上再加盖防寒膜。

2. 水肥

以基肥为主，忌多施氮肥。追肥可用三元复合肥。定植后 10~15d 及初果期追肥，每亩用量均为 7.5~10kg，盛果期为 10~15kg。11 月中旬前，土壤要保持湿润状态，以后则要偏干，以提高土温，减轻病害发生。

3. 植株调整

正常结果后，要摘去门椒以下的侧枝。对生长势弱的植株要摘去门椒。条件许可时，可在 11 月初摘除上部的花蕾小果，并打去嫩梢，加快商品果实的发育。

(五) 采收

一般在 12 月 20 日左右，当辣椒价格明显升高后，可分期采收上市，也可推迟到春节期间上市。

三、辣椒日光温室越冬茬栽培

日光温室越冬茬辣椒栽培能够保证冬季鲜椒供应，具有较高的经济价值。元旦与春节期间，由于北方地区可通过贮藏辣椒供应市场，因此双节期间日光温室辣椒的价格优势并不明显。由于辣椒产量不如番茄和黄瓜，所以北方日光温室越冬茬辣椒种植面积并不大。

（一）播种育苗

育苗培养土采用 6 份未种过茄科作物的田园表土和 4 份腐熟有机肥混合配制，种子经杀菌处理、催芽后播种，2 片真叶时分苗，采用营养钵护根育苗。一般苗龄 45～50d，株高 15～20cm，部分植株出现花蕾。

（二）整地作畦

前茬作物收获后及时清园。每亩施充分腐熟的农家肥 10 000kg、磷酸二铵 30kg、硫酸钾复合肥 20kg，深翻细耙。按垄宽 80cm、沟宽 40cm、垄高 15～20cm 起垄，再在垄中央开 1 条深 10～15cm、宽 20cm 的暗灌沟。

（三）定植

应选晴天进行定植，每垄双行三角形单株定苗，株距 30cm，每亩栽 3 700株。定植时先在定植穴内浇水，定植完后在膜下浇透定植水。

（四）田间管理

1. 温度及通风管理

定植后为促进缓苗，一般不放风。当超过 30℃时应从顶部扒膜放风，白天室温 25～30℃，夜间 15℃左右。开花结果期白天温度 25～28℃，夜间在 13℃以上，低于或超过此范围则果实生长缓慢或落花。开春随气温升高应加大通风量，夜间逐渐减少草苫覆

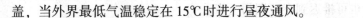

盖，当外界最低气温稳定在 15℃时进行昼夜通风。

2. 光照管理

应早揭苫、晚盖苫，尽量延长光照时间，阴雪天揭苫争取散射光照，及时清洁膜面，增加透光率。

3. 水肥管理

定植时浇透定植水，以后只浇暗灌沟。门椒坐果前一般不需浇水，当门椒长到 3cm 左右时结合浇水进行第 1 次追肥，每亩施尿素 10kg 或腐熟沼液 2 000kg。中期要适当增施鸡粪等有机肥。冬季要控制灌水，开春随气温升高，每隔 7d 左右灌水 1 次，进入 2 月下旬开始灌大沟。

4. 植株调整

结果后要及时摘去门椒以下腋芽萌发的侧枝，进入结果中期，应及时摘除病叶，并剪除重叠枝、拥挤枝、弱枝、徒长枝，以改善通风透光条件。国外温室甜椒栽培一般 1m² 仅留 5~7 枝，在日光温室内栽培美国、以色列甜椒品种时，以每株留 3~4 枝为宜，还常摘除门椒甚至对椒，使植株结果前形成一定的营养面积。

5. 采收

采收时为防止坠秧，门椒应适当早摘，其他应在果实长到最大限度、果肉充分增厚、呈现出该品种固有特征时进行采收，采收时应防止折断枝条。

第四节　茄果类蔬菜病虫害绿色防控

一、番茄斑枯病

(一) 症状

全生长期均可发病，侵害叶片、叶柄、茎、花萼及果实。叶片

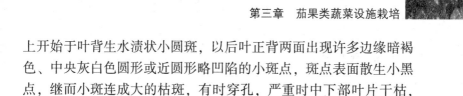

上开始于叶背生水渍状小圆斑，以后叶正背两面出现许多边缘暗褐色、中央灰白色圆形或近圆形略凹陷的小斑点，斑点表面散生小黑点，继而小斑连成大的枯斑，有时穿孔，严重时中下部叶片干枯，仅剩顶部少量健叶。茎、果上的病斑近圆形或椭圆形，褐色，略凹陷，斑点上散生小黑点。

（二）防治方法

1. 农业防治

（1）使用无病种子。一般种子可用 52℃温水浸种 30min 消毒处理。

（2）无病土育苗，育壮苗。

（3）重病地与非茄科蔬菜进行 3 年轮作，并及早彻底清除田间杂草。

（4）高畦覆地膜栽培，密度适宜，加强水肥管理。合理留果，适时采收。

（5）及时摘除初发病株病叶，深埋或烧毁。收获后清洁田园，深翻土壤。

2. 化学防治

发病初期及时进行药剂防治，可用 10%苯醚甲环唑水溶性颗粒剂 1 000~1 500倍液（每亩用药量 80~150g），或 70%代森锰锌可湿性粉剂 600 倍液（每亩用药量 165g），或 75%百菌清可湿性粉剂 600 倍液（每亩用药量 165g），或 50%硫菌灵可湿性粉剂 1 000倍液（每亩用药量 100g），或 50%多菌灵可湿性粉剂 800~1 000倍液（每亩用药量 100~125g），或 64%恶霜灵可湿性粉剂 1 000倍液（每亩用药量 100g），或 47%春雷霉素 600 倍液，或 50%混杀硫 500 倍液，或 40%灭病威 500 倍液，或 80%喷克 500 倍液，或 58%甲霜灵锰锌可湿性粉剂 500 倍液，或 40%多硫悬浮剂 500 倍液。

二、番茄青枯病

（一）症状

青枯病在番茄苗期就有侵染，但不发生症状。一般在开花期前后开始发病，发病时，多从番茄植株顶端叶片开始表现病状，发病初期叶片色泽变淡，呈萎蔫状，中午前后更为明显，傍晚后即可逐渐恢复，日出后气温升高，病株又开始萎蔫，反复多日后，萎蔫症状加剧，最后整株呈青枯状枯死，茎叶仍保持绿叶，叶很少黄化，部分叶片可脱落，下部病茎皮粗糙，常发生不定根。斜剖病茎可见维管束变褐，稍加挤压有白色黏液渗出。在发病植株上取病茎一段，放在室内一个晚上可见菌脓从伤口流出；或放在装有清水的透明玻璃瓶中，有菌脓从茎中流出，经过一段时间后可见清水变乳白色混浊状。

（二）防治方法

1. 农业防治

（1）轮作。番茄与禾本科、十字花科、百合科以及瓜类作物进行 2 年以上轮作，与水稻等作物进行水旱轮作效果最为理想。不能与茄子、辣椒、马铃薯、花生以及豆科作物在同一块地上连作。

（2）施用生石灰，调整 pH 值。每亩大田用 150~200kg 生石灰进行撒施，降低土壤酸性，恶化病菌生存环境。

（3）加强田间管理。推广高畦种植，开好三沟，做到厢沟、中沟和围沟相通，排灌方便，多施腐熟有机肥，做到氮、磷、钾配合，提高植株抗病能力。

2. 化学防治

（1）消灭地下害虫及线虫。在地下害虫为害猖獗和番茄根结线虫发生严重的地块，要消灭地下害虫和线虫，减少害虫及线虫对根部的伤害，避免病菌侵染。每亩施 3% 辛硫磷颗粒剂 2kg 于土壤中，即可防治；或在植株移栽后用阿维菌素溶液进行淋苑。

（2）石灰氮土消毒法。石灰氮化学名氰氨化钙，是药肥两用的土壤杀菌剂，石灰氮本身是碱性，可调节土壤 pH 值，施入土壤中遇水产生的氰胺、双氰胺是很好的杀菌剂。同时，石灰氮又是缓释氮肥，含氮 20% 左右，含钙 42%～50%，施入土壤后，由于钙元素的增加，改善了土壤的团粒结构。石灰氮施入土壤后可有效地杀灭土壤中真菌性病害、细菌性病害、根结线虫病及其他土中害虫，同时可缓解土壤板结、酸化，效果十分显著。施用方法：7—8 月，在高温条件下，在水稻收获后，先将大田翻犁并将泥土打碎、起沟，亩用 65kg 左右石灰氮与下茬作物需用的有机肥一起施入沟内，然后将沟两边耕作层泥土回填盖在沟上并使之成垄，然后用地膜覆盖并封严，最后灌水使土壤湿润，闷 15～20d，揭膜晾 5～7d 后，可直接栽植下茬作物，不需要再施其他肥料。

三、灰霉病

（一）症状

在茄子苗期和成株期均可发病，能为害叶片、茎和果实。灰霉病在茄子苗期发生为害，茄子茎秆发生缢缩，顶芽水渍状变色，严重时可导致幼苗死亡；成株期多从叶尖叶缘处发生为害，向叶内扩展，形成典型的"V"形病斑。

（二）药剂防治

（1）播种前，按种子重量的 0.3% 的 2.5% 咯菌腈悬浮种衣剂拌种，晾干后播种。

（2）起苗、移栽前，使用 3% 噁霉灵浇淋茄子幼苗，带药下田；并在移栽后用噁霉灵灌根。

（3）茄子开花后，用 45% 百菌清或 15% 腐霉利烟剂熏蒸，每隔 7d 施用 1 次，使用情况视田间发病情况而定。

（4）用 2,4-D 保花、保果时，加入 50% 的腐霉利粉剂或 50% 啶酰菌胺水分散粒剂，可有效防止灰霉病的产生。

（5）发病时，及早用药防治在发现田间有零星的病斑时，施药适宜时间为 16—17 时。

四、小地老虎

（一）症状

又叫上蚕、地蚕子，是为害最严重的地下害虫之一。一般在 4 月上旬至 5 月中旬为害，造成定植后缺苗断垄。

（二）防治方法

撒毒饵诱杀幼虫；人工捕杀，每天清晨在断苗处扒开土表捕杀，连续捕杀 56d；秧苗移栽后，立即用 2.5% 溴氰菊酯乳油 1 000~1 500 倍液喷雾，保苗率高达 98%。

五、烟青虫

（一）症状

以幼虫蛀食花、果为害，为蛀果类害虫。为害辣椒时，整个幼虫钻入果内，啃食果皮、胎座，并在果内缀丝，排留大量粪便，使果实不能食用。

（二）防治方法

（1）利用黑光灯诱杀成虫。

（2）药剂防治。由于烟青虫属钻蛀性害虫，所以必须抓住卵期及低龄幼虫期（尚未蛀入果实中）施药，最好使用杀虫兼杀卵的药剂。在幼虫孵化盛期，选用 2.5% 氯氟氯菊酯乳油 2 000~4 000 倍液，5% 顺式氯氰菊酯乳油 3 000 倍液，或 20% 甲氯菊酯乳油 2 000~2 500 倍液，或 10.8% 四溴菊酯乳油 5 000~7 500 倍液喷雾。每隔 6~7d 喷 1 次，连喷 2~3 次。在辣椒第一次采收前 10d 停止使用化学农药。

六、白粉虱

（一）症状

白粉虱成虫排泄物不仅影响植株的呼吸，也能引起煤烟病等病害的发生。白粉虱在植株叶背大量分泌蜜露，引起真菌大量繁殖，影响植物正常呼吸与光合作用，从而降低蔬菜果实质量，影响其商品价值。

（二）防治方法

1. 轮作倒茬

在白粉虱发生猖獗的地区。棚室秋冬茬或棚室周围的露天蔬菜种类应选芹菜、茼蒿、菠菜、油菜、蒜苗等白粉虱不喜食而又耐低温的蔬菜，既免受为害又可防止向棚室蔓延。

2. 根除虫源

育苗或定植时，清除基地内的残株杂草，熏杀或喷杀残余成虫。苗床上或温室大棚放风口设置避虫网，防止外来虫源迁入。

3. 诱杀及趋避

白粉虱发生初期，可在温室内设置 30~40cm 的方板，其上涂抹 10 号机油插于行间高于菜株，诱杀成虫，当机油不具黏性时及时擦拭更换。冬春季结合置黄板在温室内张挂镀铝反光幕，可驱避白粉虱，增加菜株上的光照。

4. 生物防治

当温室内白粉虱成虫平均每株有 0.5~1 头时，释放人工繁殖的丽蚜小蜂，每株成虫或蛹 3~5 头每隔 10d 左右放 1 次，共放 4 次。也可人工释放草岭，一头草岭一生能捕食白粉虱幼虫 170 多头。

第四章　豆类蔬菜设施栽培

第一节　豌　豆

一、菜用豌豆日光温室栽培

（一）整地和施肥

豌豆的根系分布较深，须根多，因此，宜选择土质疏松、有机质丰富的酸性小的沙质土或沙壤土，酸性大的田块要增施石灰，要求田块排灌方便，能干能湿。

豌豆主根发育早而快，故在整地和施基肥时应特别强调精细整地和早施肥，这样才能保证苗齐苗壮。北方春播宜在秋耕时施基肥，一般施复合肥 $450kg/hm^2$ 或饼肥 $600kg/hm^2$、磷肥 $300kg/hm^2$、钾肥 $150kg/hm^2$。北方多用平畦，低洼多湿地可做成高垄栽培。

（二）播种

人工选择粒大饱满、均匀、无病斑、无虫蛀、无霉变的优质种子，播前翻晒 1~2d。并进行种子处理，方法有两种：一是低温处理，即先浸种，用水量为种子容积量的一半，浸 2h，并上下翻动，使种子充分均匀湿润，种皮发胀后取出，每隔 2h 再用清水浇 1 次。经过 20h，种子开始萌动，胚芽外露，然后在 0~2℃ 低温下处理10d，取出后便可播种。试验证明，低温处理过的种子比对照结荚节位降低 2~4 个，采收期提前6~8d，产量略有增加。二是根瘤菌拌种处理。即用根瘤菌 $225~300g/hm^2$，加少量水与种子充分拌匀即可播种。条播或穴播。一般行距 20~30cm，株距 3~6cm 或穴距 8~10cm，每穴两三粒。用种量 10~15kg/亩。株型较大的品种一般行距 50~60cm，穴距 20~23cm，每穴 2~3 粒，用种量 4~5kg/亩。播种后踩实，以利种子与土壤充分接触吸水并保墒，盖土厚度 4~6cm。

（三）田间管理

（1）水肥管理。豌豆有根瘤菌固氮，对氮素的要求不高。为了多分枝、多结荚夺取高产，除施基肥外，还应适时适量施好苗肥和花荚肥。前期若要采摘部分嫩梢上市，基肥中应增加氮肥用量，促进茎叶繁茂，减少后期结荚缺肥的影响。现蕾开花前浇小水，并追施速效性氮肥，促进茎叶生长和分枝，并可防止花期干旱。开花期不浇水，中耕保墒防止发生徒长。待基部荚果已坐住，开始浇水，并追施磷、钾肥，以利于增加花数、荚数和种子粒数。结荚盛期保持土壤湿润，促进荚果发育。待荚果数目稳定，植株生长减缓时，减少水量，防止倒伏。大风天气不浇水，防止倒伏。蔓生品种，生长期较长，一般应在采收期间再追施 1 次氮、钾肥，以防止早衰，延长采收期，提高产量。

（2）中耕培土。豌豆出苗后，应及时中耕，第一次中耕培土在播种后 25~30d 进行，第二次在播后 50d 左右进行，台风暴雨后及时进行松土，防止土壤板结，改善土壤通气性，促进根瘤菌生长。前期松土可适当深锄，后期以浅锄为主，注意不要损伤根系。

（3）搭棚架。蔓生性的品种，在株高 30cm 以上时，就生出卷须，要及时搭架。半蔓生性的品种，在始花期有条件的最好也搭简易支架，防止大风暴雨后倒伏。

（四）采收

软荚豌豆在花后 7~10d，须待嫩荚充分肥大、柔软而籽粒未发达时采收，采收期可达 20~40d，嫩荚产量 800~2 000kg/亩。采收硬荚豌豆青豆粒的在开花后 15d 左右，须在豆粒肥大饱满，荚色由深绿色变淡绿色，荚面露出网状纤维时采收。如采收过迟，品质变劣。采收于上午露水干后开始。采收时对于斑点、畸形、过熟等不合格嫩荚均应剔除。开花后 40d 左右收干豆粒。

二、豌豆大棚栽培技术

豌豆大棚秋、冬栽培是继大棚春提早拉秧后，利用豌豆幼苗期适应性强的特点，在炎夏育苗移栽，到中后期适于豌豆的结果期而达到栽培目的，对解决秋淡季的蔬菜供应能起到一定的作用。

（一）育苗定植

大棚内应前作拉秧后进行耕翻。施 37 500～45 000 kg/hm^2 厩肥、300～375 kg/hm^2 过磷酸钙，全面撒施后，按照春、夏栽培方法整地、定植。

（二）水肥管理与中耕、培土

播种出苗后或秧苗定植后，到豌豆显蕾以前，要严格控制水肥，防止幼苗期徒长，是决定秋、冬豌豆丰产的关键环节之一。因为这个时期正值北方雨季，虽然大棚内无雨，但往往因通风口大或棚布漏雨和前作灌水多，使棚内湿度大，加之温度偏高，容易造成植株徒长。侧枝分化多，结荚部位上升。最终延迟采收，大大降低产量。所以除不灌水肥外，要加强中耕和培土。一般每隔 7～10d 就要进行一次中耕松土，到抽蔓时就应搭架。8 月中旬以后，气候转凉，同时花已结荚，可以开始施肥灌水，每隔 10～15d 1 次。至 10 月上旬以后，气温降低，可停止施肥。

（三）温度管理

在 8 月上旬以前要大通风，要将棚布四周和天窗开大些；8 月中旬以后夜温至 15℃ 以下，就应将通风口缩小；9 月中旬以后就只通天窗。这段时间内在白天和夜间一般能保持适温，也正是结果盛期。到 10 月中旬以后，只能在中午进行适当通风；到 10 月下

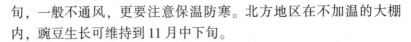

旬，一般不通风，更要注意保温防寒。北方地区在不加温的大棚内，豌豆生长可维持到11月中下旬。

（四）大棚豌豆的收获

大棚豌豆栽培的目的是收获豆粒或嫩荚，只要豆荚充分肥大即可采收。但豌豆的豆荚是自下而上相继成熟，必须分期及时采收。过早过晚都影响品质，一般硬荚种，最适收获期为开花后13～15d，荚仍为深绿色或开始变为浅绿色，以豆粒长到充分饱满时为准。软荚豌豆以食嫩荚为主，一般在开花后7～10d即可采收，以荚已充分肥大、而籽粒尚未发达时为宜。

第二节　豇　豆

豇豆日光温室栽培

（一）定植前准备

1. 种子处理

对选用的豇豆种子首先要进行严格粒选，选留符合本品种特征的饱满健籽。将经粒选的种子在阳光下晒2～3d，以提高种子的发芽率和发芽势。

为预防豇豆炭疽病、枯萎病、根腐病，可用55℃温水浸种15min后，再用25～30℃温水泡种8～12h，捞出后晾去多余水分，用种子重量（指原来风干种子重量）0.3%的50%多菌灵粉剂拌种，或用40%福尔马林200～300倍液再浸种20min，然后洗净阴干后播种。

为了预防豇豆细菌性疫病，可用100万单位硫酸链霉素1 000倍液浸种8～12h，然后捞出阴干后播种。

2. 整地、施基肥、高温闷棚

前茬作物拉秧后，立即清洁棚园，把前茬的枯枝烂叶打扫干净。然后于地面撒施充分发酵腐熟的有机肥和复合化肥作基肥，一般每亩施厩肥、鸡粪等有机肥 10 000 kg 左右（其中鸡粪占 1/3）和氮磷钾三元复合化肥 100kg，或尿素和硫酸钾各 15kg、过磷酸钙 70kg。

为防治病害和地下虫害，每亩均匀地撒施 50%多菌灵可湿性粉剂 3~4kg；喷洒 50%辛硫磷乳油 500 倍药液 80~100kg。然后深耕翻地 30cm，整平地面，做高度 20cm 的垄。垄宽 120cm，其中垄背宽 70cm，垄沟宽 50cm。

选连续晴日，严密闭棚，高温闷棚 3~4d。然后通风降温，调节棚内温度后待直播或取苗移栽定植。

（二）播种与定植

1. 催芽直播

（1）催芽。宜浸种催芽后播种。催芽的温度要比菜豆催芽的温度偏高 5℃ 左右，且催芽后直播。当豇豆催芽长（即胚根长）0.5cm 左右时即可播种。

（2）大小行。大行 70cm，小行 50cm，平均行距 60cm。即每个垄背上播种两行，小行距在垄面上，大行距跨垄间沟，播种穴距 25cm 左右，每穴点播种子 3~4 粒。

（3）播种方法。在垄上按大小行距划线，顺线开沟，开沟深 1~1.5cm，顺沟浇足水，浇水量以水渗湿底墒为标准，播种后，从小行中间（垄中间）往播种沟调土覆盖，并呈屋脊形小垄，小垄底宽 20~25cm，垄顶距种子 3~4cm 厚。

2. 营养钵苗移栽定植

（1）育苗移栽。若棚内前茬蔬菜倒茬晚，又需要对豇豆提早播种以实现赶时采收，则宜采用营养钵育苗移栽。

（2）移栽定植。先按行距开沟，沟深 12cm，顺沟浇足水，按 25cm 穴距坐水放置营养钵苗后，再从小行中间（垄中间）开沟取土埋苗坨栽植，每亩栽苗坨 4 500个左右，每苗坨有苗 3~4 株，这样亩栽植密度 15 000株左右，栽植后，中耕松土，将垄面、沟底稍平。如果是越冬茬、冬春茬或早春茬豇豆，定植后宜覆盖地膜。

第三节　扁　豆

一、春扁豆日光温室栽培

（一）整地施肥

春扁豆适应各种土壤，但以肥沃的壤土为最佳。要求尽早深耕，重施底肥，一般亩施土杂肥 3 000~5 000kg。播种前，每亩可再条施或穴施硫酸钾复合肥 50~75kg。

（二）适时播种

春扁豆既可保护地栽培，也可露地种植。露地种植的在 5cm 地温达 14℃时即可播种。前期利用小拱棚覆盖的，可比露地种植的早播 10~15d。育苗移栽的，可提前 25~30d 播种，2 叶 1 心时移栽。行距 90cm，株距 40cm，每穴播 2 粒或栽 2 株，每亩用种 1 000~1 200g。

（三）搭架引蔓

要在苗高 30cm 前搭 2.0~2.5m 高的"人"字形架。

（四）追肥防衰

采收 3~4 批嫩荚后，可进行 1 次追肥，于架间离植株 20cm 处沟施硫酸钾复合肥 25~30kg，最好结合追肥浇 1 次水。由于扁豆属豆科作物，有根瘤，可固氮，所以氮肥不可过多施用，否则易引起徒长。有早衰现象的，还可根外喷施磷酸二氢钾加以救治。

二、药用白籽扁豆大棚栽培

（一）土壤选择

药用白籽扁豆种子发芽的适宜温度为 22～23℃，植株能耐35℃的高温。耐旱力强，对土壤的适应性广，各种土壤均可栽培，以排水良好的沙壤土为宜，忌连作，须实行 2～3 年的轮作。

（二）整地施肥

在播种前，要对大田进行深翻、晒垡，然后再施肥，整平作畦。一般每亩深施农家肥 2 500～3 000kg，氮、磷、钾含量均为15％的复合肥 15～20kg。

（三）适时播种

一般春季在平均温度 15℃以上时，即可播种，大棚加地膜覆盖一般在 3 月中下旬直播；露地地膜覆盖，可于 4 月上中旬直播。宜采用深沟窄畦播种，畦宽 1.5m 左右、高 25～30cm，每畦播种 2行，行距 80～85cm、穴距 40～50cm。每穴播种 3～4 粒，覆土厚3cm 左右。每亩需种子 4～4.5kg，每穴留苗 1～2 株。

（四）搭架、整枝和打杈

蔓长 35～40cm 时，用长竹竿搭成"人"字形架，并引植株爬上竹竿。主蔓第 1 花序以下的侧芽可全部抹除。若主蔓中上部各叶腋中花芽旁混生叶芽，应及时将叶芽抽生的侧枝除去；若无花芽只有叶芽萌发时，则只留 1～2 叶摘心，侧枝上即可形成一穗花序，水肥条件充足，植株生长健壮时，侧枝摘心不要过重，以便其形成更多的花序。当主蔓长到 2m 左右时，及时打顶摘心，控制其生长，促使侧枝花芽形成，以避免养分消耗和方便果荚采摘。

（五）及时追肥

白籽扁豆追肥的重点是在开花初期，其次是苗期。豆苗幼小时根瘤菌尚未很好地发挥作用，为了促进根系生长和提早抽生分支需及时追施氮肥，一般每亩用人畜粪尿 100～150kg。开花结荚期是植株吸收磷、钾、钼等元素的高峰期。开花后每隔 7d 喷 1 次 0.5%磷酸二氢钾溶液有明显的增产效果。

第四节　毛　豆

一、毛豆日光温室栽培

（一）整地播种

每公顷施有机肥 30 000～37 500kg、过磷酸钙 375～450kg、草木灰 1 500～2 500kg。地力较差的田块，基肥中加适量氮肥，供幼苗生长所需。做成平畦或地膜畦垄。

（二）播种与密度

当 5～10cm 地温达 8～10℃时播种，地膜畦可早播几天，行距 30～35cm，穴距 15～20cm；条播时株距 5～8cm，深播 3cm 左右。北方地区 5 月中下旬垄种，60cm 垄播双行或 40～45cm 垄播单行，选粒大饱满、无病虫害、种脐无损伤的种子，保苗全、苗壮。用质量分数浓度 1.5%的钼酸铵溶液拌种可提高种子的发芽势和发芽率。

（三）田间管理

播后 2～3d 畦面喷豆草净乳或乙草胺防草。出现复叶后间苗，留双苗，如有缺株，尽早补栽。苗期控制浇水，中耕 2 次，提高地温。开花前结合中耕进行培土，防止根群外露和植株倒伏。坐荚后浇水、追肥，干旱时开花前酌情浇水并追肥。结荚期浇水 2～3 次，保持土壤相对湿度达 70%～80%。缺水影响籽粒充实和饱满。毛豆喜钾，鼓粒期叶面喷 0.3%磷酸二氢钾溶液以延长叶子的光合寿命，防止植株黄叶早衰，减少落花落荚，加速籽粒充实膨大。盛花期后 1 周左右摘去无限生长型植株主茎 1~2cm 顶尖，控制株高，提高结荚率，防止植株徒长和倒伏。有限生长型品种在初花期摘心，生长势弱时可不摘心。

二、毛豆大棚栽培

在适期范围内尽早播种，以延长生长期。以中晚熟品种为主，迟播时用早熟品种。

施基肥后整地耙平。平畦或垄种，开沟浇水播种，行距 40~50cm，穴距 20~30cm；条播时株距 10cm。迟播的早熟品种，生长期短，植株小，可适当加大密度，以提高群体产量。生长期间中耕除草 2 次，干旱时浇水，并酌情适量追肥，促苗生长，尽早形成良好的营养体，为丰产打好基础。初花时浇水、追肥，以后适时浇水保持土壤湿润，使花荚发育良好，鼓粒期喷 0.3% 磷酸二氢钾液 1~2 次，促籽粒饱满。植株生长势过旺时，在初花期和盛花期各喷 200mg/L 和 100mg/L 多效唑 1 次，可使植株矮壮，结荚集中。

开花后 40~45d，豆粒饱满时收获。秋收毛豆可增加淡季蔬菜种类，晚收的毛豆除鲜食外，可冷冻保鲜，冬春供应。

第五节　荷兰豆

一、荷兰豆日光温室栽培

（一）育苗

1. 播种期确定

播种期应根据定植期来推算。日光温室早春茬的前茬一般为秋冬茬茄果类、瓜类或其他蔬菜，拉秧在 12 月上中旬至翌年 2 月初。所以，早春茬的播种期应在 11 月中旬至 12 月下旬，12 月下旬至翌年 2 月上旬定植，收获期则在 2 月初至 4 月下旬。因播种育苗期

正处于最寒冷季节，所以育苗多在加温温室或日光温室加多层覆盖条件下进行。

2. 苗龄

荷兰豆的适龄壮苗有 4~6 片真叶，茎粗而节短，无倒伏现象。苗龄过小不利于适时早收；苗龄过大，植株又易早衰和倒伏，影响产量。若达到上述适龄壮苗的日历苗龄，会因育苗期的温度条件不同而异，高温下（20~28℃）需 20~25d；适温下（16~23℃）为 25~30d；低温下（10~17℃）需 30~40d。各茬次的育苗时间可根据种植时期、温室的温度状况具体确定。

3. 育苗方法

按常规育苗的床土要求配制营养土，采用塑料营养钵、塑料筒、纸袋，或切割营养土方护根育苗。播前浇足底水，干籽播种，每穴点 2~4 粒种子。早熟品种多播，晚熟品种少播，覆土后撒细土保墒。播后掌握温度在 10~18℃，有利于快出苗和出齐苗。温度低发芽慢，应加强保温。温度过高（25~30℃）发芽虽快，但难保全苗，应适度遮阴。子叶期温度宜低些，8~10℃为宜。定植前应使秧苗经受2℃左右的低温，有利完成春化阶段发育。育苗期间一般不间苗，不干旱时不浇水。

（二）定植

1. 施肥整地

每亩施优质农家肥 5 000kg，混入过磷酸钙 50~100kg、草木灰 50~60kg。普施地面，深翻 20~25cm，与土充分混匀，搂平耙细后作畦。单行密植时，畦宽 1m，1 畦栽 1 行。双行密植时，畦宽 1.5m，1 畦栽双行。隔畦与耐寒叶菜间作套作时，畦宽 1m，1 畦栽双行。

2. 定植方法

畦内开沟，深 12~14cm，单密植穴距 15~18cm，亩栽 3 000~

3 600墩。双行密植穴距21~24cm, 亩栽4 500~5 000墩。隔畦间作时穴距15~18cm。坐水栽苗, 覆土后搂平畦面。

（三）定植后管理

1. 水肥管理

只要底水充足, 花蕾出现后一般不浇水, 也不追肥。要通过控水和中耕锄划, 促进根系发达。现花蕾后施1次水冲肥, 亩用复合肥15~20kg, 随之锄划保墒, 控秧促荚, 以利高产。花期一般不浇水。第一朵花结成小荚到第二朵花刚凋谢, 标志着荷兰豆已进入开花结荚盛期。此时水肥必须跟上, 一般每10~15d施1次水肥, 每亩每次用氮、磷、钾复合肥15~20kg。此期缺肥少水会引起落花落荚。

2. 温度管理

定植后到现蕾开花前, 温室白天温度超过25℃时要放风, 不宜超过30℃, 夜间不低于10℃。整个结荚期以白天15~18℃、夜间12~16℃为宜。

3. 植株支架和调整

温室栽培多用蔓性或半蔓性品种, 植株卷须出现时就要支架。蔓生种苗高30cm左右时, 即用竹竿插成单篱壁架。由于荷兰豆的枝蔓多, 且不能自行缠绕攀附, 故多用竹竿与绳子结合的方法来支持枝蔓。即在行向上每隔1m立1根竹竿, 竹竿上下每半米左右缠绕1道绳, 使豆秧互相攀缘, 再用绳束腰加以稳定。当植株长有15~16节时, 可选晴天进行摘心。

4. 花期

用30mg/kg的防落素叶面喷雾, 以防止落花落荚。

（四）采收

多数品种开花后8~10d豆荚停止生长, 种子开始发育, 此为嫩荚收获适期。有时为增加一些产量，等种子发育到一定程度再采收。但一定要注意，采收越晚品质越差。

二、荷兰豆大棚栽培

（一）整地施肥

荷兰豆主根发育早而迅速，整地时应特别强调精耕细耙。同时施足基肥，基肥除优质土杂肥外，还要多施磷、钾肥，如草木灰、屋炕土等，一般每亩施有机土杂肥 2 500~3 000kg、过磷酸钙 20~25kg、草木灰 100kg 或氯化钾 15~20kg，最好将化肥与有机肥料混合后同时施入。大棚种植荷兰豆宜做成高畦栽培，一般畦宽 80cm，高 10cm，畦沟宽 40cm。

（二）播种

采用干籽直播。播种前应精选种子，选粒大、整齐、健壮和无病虫为害的种子播种，以保证苗全、苗壮。播种期一般在 2 月下旬至 3 月初为宜。播种方式以条播、点播为主。每亩播种量为 4~5kg，约 1.2 万株为宜。播种方法：在 80cm 宽的高畦上种 2 行，即开 2 个深 3~4cm 的沟，沟内浇足底水，按 8~10cm 的株距进行点播，每穴播种子 2~3 粒，覆土厚度 3~4cm。畦面耙平后喷洒除草剂，然后覆盖地膜。地膜的四周要压严。一般每亩用地膜 20kg 左右。

（三）田间管理

出苗后，子叶展开，真叶长出时，将苗上地膜剪开，使苗露出膜外，并将地膜在苗下压紧。棚内温度宜控制在 12~16℃，防止秧苗徒长。苗高 20~30cm 时，应及时用竹竿等架杆搭架，并在两旁用塑料丝或绳扎捆，使其通风透光，易于结荚。一般于开花前浇 1 次水，结荚期浇 1~2 次水，即可采收嫩荚。抽蔓和坐荚时各施 1 次追肥，亩施 5~10kg 尿素和 15~20kg 撒可富，方法是在地膜两侧开沟将尿素和撒可富混合施入。坐荚后宜根外喷施 0.2% 磷酸二氢钾 2~3 次，促进开花结荚。

（四）采收

花谢后 8~10d，嫩荚充分肥大、柔嫩而籽粒未发达时，为嫩荚采收适期。一般从 5 月上旬开始采荚，至 5 月底，持续 20 多天。

第六节　蚕　豆

一、蚕豆大棚栽培

（一）正确选棚，合理密植

蚕豆大棚应建立在土层深厚，土壤含有机质最好在 1.5% 以上，有利光、温、水、气、肥运作和根系吸收，排水良好的黏质壤土或沙质壤土的地块。拱棚的长和宽要因地因材料而异，一般棚宽 6~8m，高 2.5m 左右，以利于田间操作。膜以白色为好，在增加有效积温的同时增加透光性；棚边采用裙膜，便于通风透气。蚕豆喜温暖湿润气候，不耐高温，对光照较为敏感。在栽培过程中发现蚕豆花朝强光方向开放，一般朝南方向种植的蚕豆，结荚数要比朝北方向的多。因此，在栽培过程中如密度过大，会造成相互遮阳、光照不足而引起病虫害加重，结荚率降低。因此，设施蚕豆栽培密度要比露地稀植，每亩成苗控制在 4 000 株左右。

（二）适期播种，及时上膜

设施蚕豆的播种期可适当提早，比露地提早 5~10d；正常茬口安排在 10 月中下旬，最迟不晚于 11 月 5 日。不能正常腾茬的田块可采用芽苗移栽，成活率达 98% 以上。当蚕豆植株安全通过春化阶段后，日平均气温低于 8℃ 时及时上膜，以促使蚕豆生长发育。为防土传苗期真菌病害，盖膜时间可延迟到最低温度 0℃ 左右，即

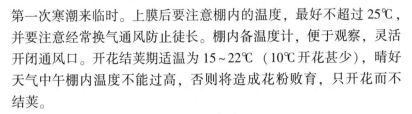

第一次寒潮来临时。上膜后要注意棚内的温度，最好不超过25℃，并要注意经常换气通风防止徒长。棚内备温度计，便于观察，灵活开闭通风口。开花结荚期适温为15~22℃（10℃开花甚少），晴好天气中午棚内温度不能过高，否则将造成花粉败育，只开花而不结荚。

（三）适时摘心打顶，调控株型

为控制蚕豆的生长、降低结荚部位、提高成荚率、提早上市，做好摘心打顶、调控株型的工作至关重要。具体要求如下：在降低棚内湿度的前提下，主茎复叶达到4龄时要及时摘心去除主茎，以促进分枝发生；越冬后要及时整去小分枝，每株留5~6个健壮大分枝，并引导分枝朝两侧分开生长，以利于通风透光；开花前再次摘除无效分枝。在果荚开始膨大时，结荚分枝下部有1~2个小荚时打顶，以促进已留果荚的形成和膨大。打顶原则是"打小（叶）不打大，打实（茎尖）不打空，打蕾不打花，打晴（天）不打阴"。

二、蚕豆高产地膜覆盖栽培

蚕豆地膜覆盖栽培具有增温、保湿、保肥、除草、防虫等功能。

（一）铺膜

选用宽1.2m、厚0.08mm的标准农用地膜，一人将待铺地膜平展在地表面上铺膜，一人将地膜两边缘的土铲起压实膜边，形成垄膜。

膜面要平展紧贴垄面土层。每隔1.0m在膜面上压膜，防止大风揭膜。两膜之间间距50cm，便于田间管理走动。

（二）播种

清明之后到5月中旬及时抢墒播种，用点播器人工点播，膜上种植 4 行，株距 15～16cm，播种量 15～17.5kg/亩，保苗 1.2 万～1.3 万株/亩。播后及时用湿土盖住播种膜口，防止土壤墒的损失。

（三）人工放苗

出苗时，对没有出苗的幼苗采用人工放苗，以防止地面烧苗，保证苗齐、苗全。

（四）中耕锄草

根据田间杂草情况及时进行锄草，操作时避免损坏地膜及伤到蚕豆植株。

第七节　豆类蔬菜病虫害绿色防控

一、大豆炭疽病

（一）症状

苗期侵染严重可以导致幼苗死亡，缺苗断垄。在成株期，主要为害茎及荚，也为害叶片或叶柄。茎部染病初生褐色病斑，其上密布呈不规则排列的黑色小点。荚染病小黑点呈轮纹状排列，病荚不能正常发育。苗期子叶染病现黑褐色病斑，边缘略浅，病斑扩展后常出现开裂或凹陷；病斑可从子叶扩展到幼茎上，致病部以上枯死。叶片染病边缘深褐色，内部浅褐色。叶柄染病病斑褐色，不规则。病菌侵染豆荚可以导致种子侵染。被侵染的种子萌发率低，影响种子质量。

（二）防治方法

（1）因地制宜地选育和选用抗病高产良种。

（2）选用无病种子，播前种子消毒。①可用种子重量 0.3% 的 50% 多菌灵可湿性粉剂、40% 三唑酮多菌灵可湿性粉剂、50% 福美双可湿性粉剂拌种，或用种子重量 0.2% 的 50% 四氯苯醌可湿性粉剂拌种。②药液浸种。用福尔马林 200 倍液浸种 30min，水洗后催芽播种，或 40%多硫悬浮剂 600 倍液浸种 30min。

（3）抓好以水肥为中心的栽培防病措施。①整治排灌系统，低湿地要高畦深沟，降低地下水位，适度浇水，防大水漫灌，雨后做好清沟排渍。②施足底肥，增施磷钾肥，适时喷施叶面肥，避免偏施氮肥。注意田间卫生，温棚注意通风，排湿降温。

（4）及早喷药控病。于抽蔓或开花结荚初期发病前喷药预防，最迟于见病时喷药控病，以保果为重点。可选喷 70%硫菌灵+75%百菌清（1∶1）1 000~1 500 倍液，或 80%炭疽福美可湿性粉剂 500 倍液，或 50%咪鲜胺可湿性粉剂 1 000 倍液，2~3 次或更多，隔 7~15d 1 次，前密后疏，交替喷施，喷匀喷足。温棚可使用 45%百菌清烟剂[4 500g/（hm^2·次）]。

二、大豆枯萎病

（一）症状

一般花期开始发病，病害由茎基迅速向上发展，引起茎一侧或全茎变为暗褐色，凹陷，茎维管束变色。病叶叶脉变褐，叶肉发黄，继而全叶干枯或脱落。病株根变色，侧根少。植株结荚显著减少，豆荚背部及腹缝合线变黄褐色，全株渐枯死。急性发病时，病害由茎基向上急剧发展，引起整株青枯。

（二）防治方法

（1）选用抗病品种。

（2）种子消毒。用种子重量 0.5%的 50%多菌灵可湿性粉剂拌种。

（3）与白菜类、葱蒜类实行 3~4 年轮作，不与豇豆等连作。

（4）高垄栽培，注意排水。

（5）药剂防治。发病初期开始药剂灌根，选用的药剂有 50%多菌灵可湿性粉剂 500 倍液，或 10%双效灵水剂 250 倍液等，每株灌 250mL，每 10d 1 次，连续灌根 2~3 次。

（6）及时清理病残株，带出田外，集中烧毁或深埋。

三、扁豆细菌性疫病

（一）症状

叶片染病多发生在叶缘或叶尖，病斑黄褐色至褐色，形状不规则，四周有黄色晕圈，病部组织变薄；发病重的病斑融合，或变黑褐色枯死；茎染病初现溃疡状红褐色条斑，略凹陷，绕茎一周后，病部以上茎叶枯死。荚染病病斑褐色，圆形或不规则形。

（二）防治方法

1. 农业防治

（1）与非豆科蔬菜实行 2~3 年的轮作。

（2）选用抗病品种，蔓生种较矮生种抗病。从无病田留种。

（3）及时除草，合理施肥和浇水。拉秧后应清除病残体，集中深埋或烧毁。

2. 物理防治

播种前种子用 45℃温水浸种 10min。

3. 药剂防治

（1）播种前种子用高锰酸钾 1 000 倍液浸种 10~15min，或用硫酸链霉素 500 倍液浸种 24h。

（2）开沟播种时，用高锰酸钾 1 000 倍液浇到沟中，待药液渗下后播。

（3）发病初期喷 14%络氨铜水剂 300 倍液，或 50%琥胶肥酸铜可湿性粉剂 500 倍液，或 72%农用硫酸链霉素可溶粉剂 3 000~4 000 倍液，或新植霉素 4 000 倍液。每隔 7~10d 喷 1 次，连续 2~3 次。

四、大豆根绒粉蚧

（一）症状

一般发生于 6 月上旬至 7 月初，大豆根绒粉蚧以幼虫、成虫刺吸大豆茎部或叶片为害，使大豆地上部分叶片自下而上变黄。大豆根绒粉蚧幼虫非常小，难以用肉眼发现。如在 6 月上旬发生大豆叶片变黄，就要仔细进行检查。

（二）防治方法

如发现大豆根绒粉蚧发生，应抓住大豆 3 叶期前进行防治。药剂防治：每公顷 3% 啶虫脒乳油 0.4~0.6L 加 4.5% 高效氯氰菊酯乳油 0.5~0.6L；或 70% 吡虫啉水分散粒剂 60~80g/L 兑水进行喷雾。一般 5~7d 喷 1 次，可连喷 2~3 次。

五、豆荚螟

（一）症状

豆荚螟幼虫蛀食蕾、花、荚和嫩茎，造成落花、落蕾、落荚和枯梢。幼虫蛀食后，荚内及蛀孔外堆积粪粒，影响质量。成虫白天隐蔽在植株下部不活动，夜间飞翔，有趋光性。雌蛾主要产卵于花的花瓣、花托和花蕾上，嫩荚次之，还可产在嫩的梢、茎和叶上。

卵散产，6~7 月卵期 2~3d，幼虫共 5 龄，幼虫期 8~10d，初孵幼虫经短时间活动即钻蛀花内为害。3 龄后幼虫蛀食豆粒，粪便排于虫孔内外，一般在卵高峰后 10d 左右出现蛀荚高峰。幼虫有多次转荚为害习性，老熟后在被害植株叶背主脉两侧或在附近的土表或浅土层内作茧化蛹，蛹期 8~10d。

（二）防治方法

从现蕾开始及时喷洒药剂：5% 氟虫腈 1 000 倍液；10% 氯氰菊酯乳油 4 000 倍液；5% 定虫隆乳油 2 000 倍液等。喷药时间以上午

闭花前为宜，重点喷蕾、花、嫩荚及落地花上。

六、大豆食心虫

（一）症状

大豆食心虫喜中温高湿环境，高温干燥和低温多雨，均不利于成虫产卵。冬季低温会造成大量死亡。土壤的相对湿度为10%～30%时，有利于化蛹和羽化，低于10%时有不良影响，低于5%则不能羽化。大豆食心虫喜欢在多毛的品种上产卵，结荚时间长的品种受害重，大豆荚皮的木质化隔离层厚的品种对大豆食心虫幼虫钻蛀不利。

（二）防治方法

（1）远距离轮作。实行较远距离的轮作可减轻其为害，据调查，在距上年大豆茬1 000m以外种植大豆，可降低虫食率90%左右。

（2）深翻土壤。在大豆收获后，应及时秋翻，增加越冬幼虫的死亡率。

（3）药剂防治。敌敌畏熏蒸防治成虫，一般在8月5日左右成虫盛发期防治，方法就是将玉米芯每厘米断成一节，浸入敌敌畏原油中浸泡，然后将吸足药液的玉米芯按每隔4垄，每前进5步的密度夹在大豆分枝上。

（4）幼虫防治。于8月中旬用菊酯类农药防治幼虫，每公顷25g/L高效氯氰菊酯乳油0.225～0.3L或每公顷25g/L溴氰菊酯乳油0.45～0.75L或4.5%高效氯氢菊酯0.3～0.6L，兑水喷雾。

第五章 绿叶菜类蔬菜设施栽培

第一节 芹 菜

一、芹菜塑料大棚栽培

（一）育苗

芹菜保护地栽培，育苗期正值高温多雨季节，对幼苗生长极为不利，育苗比较困难。需要采取以下栽培措施。

1. 浸种催芽

播种前种子要浸种催芽。由于种皮厚，为使种子均匀吸水，浸种时要及时搓洗 3~4 次，每次搓洗都要更换清水，然后浸种 24h。种子吸足水分后淘洗干净，捞出晾干种子表面水分。置于冷凉条件下催芽，适宜温度 15~20℃。每天用清水冲洗 1 次，晾干种子表面水分后继续催芽。6~8d 后可陆续出芽。出芽 50%~70%即可播种。

2. 苗床准备

育苗床要选择地势高、排水通畅、防雨防涝、灌溉方便的地块。苗床深翻，施足腐熟的有机肥，整平整细，做成畦（一般宽 1.7m，长 8.3m)，取出畦表土 0.5cm 过筛作备用覆土，然后整平畦面，灌足底水，灌水后如发现不平处，就撒细土找平后再播种。

3. 播种

播种要撒播均匀，可将种子里掺少量的细沙土。一般每平方米播种发芽率 70% 以上的优质种子 2g，可移栽 10m² 大田面积。播种后应及时覆土（把预先准备好的过筛表土均匀撒在畦面上），覆土不宜过厚，以能盖上种子为宜。撒土后可喷除草剂防治杂草。

播种后及时搭荫棚，防止雨打日晒，才能保证苗齐、苗全。育苗畦上用竹片或细竹竿建小拱棚，一般棚高 1m。拱棚上盖塑料薄膜，棚下离地面 20cm 处留通风口，拱棚四面通风。薄膜上放一些苇草或遮阳网，并固定好，防止大风吹掉。这种方法既能防雨，又能遮阴，可做到保水降温，促使苗齐苗壮。

4. 苗期管理

播种后 10d 左右开始陆续出苗，20d 后子叶展平出真叶，苗出齐后，可撤遮阴棚。撤棚时注意两个问题：一要先撤遮阳网和遮阴用的草苫，过 1~2d 后再去掉农膜和棚；二要选择阴天或半阴天或傍晚时撤棚，主要是为防止突然暴晒死苗。撤棚后要及时灌水，降低地温增加湿度防止晒死苗。

芹菜育苗期长达 60~90d，须及时除草、间苗。真叶出来时，要及时除草间苗。幼苗长到 2 叶 1 心时，即播种后 40d 左右再间 1 次苗，一般要求每平方米 2 500 株左右为好。把小苗、弱苗、病苗全部去掉，确保全部壮苗。到 4 叶 1 心时即可移栽定植。

（二）定植

定植地块施足基肥，一般亩施有机肥 5 000kg 以上，磷酸二铵 25kg，施肥后浅翻混匀土肥，整平，做成平畦，准备定植。

一般本芹定植行距 15~20cm，株距为 8~10cm，每亩定植 4 万株左右；西芹一般行株距 20cm×20cm 左右，每亩定植 1.5 万~2 万株。可根据地块肥力情况、上市早晚加以调整。肥力大，稀植；肥力小，适当密植。早上市，密；晚上市，稀植。

当苗子 4~5 片真叶时及时进行定植，定植时西芹苗龄一般为 65~75d，本芹 50~60d。定植前一天将苗床灌水，第 2 天起苗。

定植的方法有两种。其一，先浇水后定植，定植前畦内浇透

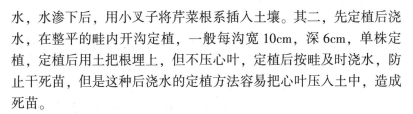

水，水渗下后，用小叉子将芹菜根系插入土壤。其二，先定植后浇水，在整平的畦内开沟定植，一般每沟宽 10cm，深 6cm，单株定植，定植后用土把根埋上，但不压心叶，定植后按畦及时浇水，防止干死苗，但是这种后浇水的定植方法容易把心叶压入土中，造成死苗。

（三）定植后的管理

芹菜定植后不能大水漫灌，应小水勤浇，做到土壤间干间湿，促进小苗尽快生根缓苗，一般 5~7d 浇 1 次水，10 月中下旬开始扣棚膜。

扣膜后的管理：扣膜初期气温高，要大放风。白天最高不超过 25℃，夜间 10~12℃。日光温室栽培的芹菜，12 月上市的可以不控制生长；1—2 月上市的适当控制生长，白天大通风，夜间小通风或不通风；3 月上市的要控制生长，白天大通风，夜间也要通风。适当掌握较低的温度，控制徒长。11 月上旬加盖草苫。大棚栽培的在冬至前后的低温季节棚内温度应维持在 0~5℃，最低不应低于 -4℃，否则会造成植株体内结冰。扣棚膜后随着天气的变化，灌水次数逐渐减少。一般 10~15d 灌 1 次水，灌水后注意通风，减少棚内湿度。扣膜前后还要随灌水追肥，每亩追施尿素 25kg；收获前 1 个月再随水追施尿素 25kg。

芹菜采收期不严格，可以随时采收。

二、芹菜日光温室栽培

（一）育苗

1. 播种时期

选择耐寒性强、叶柄充实、生长快、质优、丰产、抗病的品种，于 7 月上中旬至 8 月上旬播种育苗，较当地秋芹菜推迟 1 个月播种。

2. 种子处理

播种时因温度高、出苗慢而且参差不齐，播种前应进行浸种低温催芽。先置于 55℃ 温水中浸泡 15~20min，捞出后清水浸种 12~24h，搓洗种子并晾至阴凉处（15~20℃ 下）催芽，3~4d 后约 80% 种子出芽后播种。也可将种子与湿润的河沙混合后置冷凉处催芽，或在冰箱中冰冻处理催芽。

3. 精细播种

苗床宜选择在阴凉处，或套种在瓜架、豆架之下，利用瓜、豆遮阴。也可将芹菜种子与少量小白菜或四季萝卜混播，后者生长较快，用以遮阴。播时种子要掺适量沙子，有利播种均匀。播后立刻覆细土 0.5cm，注意厚薄一致，以保证出苗整齐。同时在畦面覆盖苇箔、高粱秆或麦秸、稻草等，以降温、保湿、防雨。

4. 苗期管理

出苗前要保持土壤湿润，播后第 2 天即浇第一水，以后视表土发干板结情况浇水。出苗后逐步撤去覆盖物，最好选择阴天或午后撤，先浇清水，降低苗床温度，以防幼苗晒伤。因芹菜根系弱，不耐干旱，出苗后仍要勤浇、浅浇、匀浇，保持土壤湿润。

雨季要及时排出畦面上积水，雷阵雨后要及时浇水降温，防止死苗。幼苗在子叶期进行第一次间苗，用镊子拔去弱苗，2 叶期按 1cm 见方的营养面积定苗。另外防止幼苗徒长，注意防止杂草及病虫害。幼苗 3~4 片真叶时随浇水施 1 次速效性氮肥，每亩施入 20kg。芹菜苗龄 50~60d，4~5 片叶时定植。

（二）定植

栽植前，苗床浇透水，连根带土挖出。取苗时将主根于 4cm 左右铲断，在此范围内可发生大量侧根和须根。芹菜苗栽植前应按大小分类，分别栽植，使苗子生长整齐。定植深度以埋住根茎为宜，太深浇水后心叶易被泥浆埋住，造成死苗。

合理密植平畦穴栽一般株行距为 13~15cm，每穴两三株；或单株栽植，行株距各 10cm 左右。培土软化的芹菜多沟栽，穴距 10~13cm，每穴 3~4 株或采取株距 10cm 单株栽植。

（三）田间管理

芹菜根系浅，浇水应勤浇、少浇。苗期和后期需肥较多，初期需磷最多，后期需钾最多。

1. 苗期管理

缓苗期水肥管理应勤浇、浅浇，保持土壤湿润，并降低地温。蹲苗期管理在缓苗后浅中耕，进行适当蹲苗锻炼。蹲苗后一般地皮显干，就应及时浇水，防止蹲苗过度。蹲苗期一般 10~15d。

2. 土肥管理

土壤干燥易使硼素吸收受到抑制，叶柄常发生"劈裂"，可每亩施用 0.5~0.7kg 硼砂防治。芹菜需钙量较大，缺钙易烂心，生长中期可在叶面喷洒 1.5% 过磷酸钙浸出液。

3. 生长期管理

芹菜单株较大，生长期间需及时培土，并摘去分蘖，提高叶柄品质。当植株高 25cm 左右，天气转凉后开始培土，气温过高时培土易发生病害，导致植株腐烂。培土前要浇足水，以保证培土后植株旺盛生长。

培土在晴天、土壤较干、苗略失水时进行，阴雨天叶面有水时培土易造成植株腐烂，应选择晴天下午没有露水时培土。土要细碎，勿使土粒落入心叶之间，以免引起腐烂。

（四）采收

采收后假植贮藏，贮藏应掌握在不受冻的原则上，适当延迟收获。芹菜叶柄肥嫩多汁，收获时应轻拿轻放，以免机械损伤，影响产品商品性。芹菜一般在定植后 100~120d 收获，齐地面整株收割。

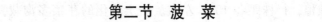
第二节 菠 菜

一、菠菜棚室越夏栽培

菠菜性耐寒，喜冷凉气候。在夏季利用棚室遮阳避雨种植菠菜，每亩产量可达 1 500kg 以上，40d 左右可收获一茬。

（一）整地播种

棚室内的土壤为沙壤土时，可用畦播，行距 12cm，种距 2.5cm，每亩播种 1.75kg 左右。土壤为黏质土时，因土壤水分不易下渗或蒸发，最好起垄栽培，一般每 50cm 起 1 垄，每垄播 2 行，穴距 5cm，每穴 2 粒，一般每亩用种 1kg 左右。

（二）水肥管理

由于棚室内土壤肥沃，故越夏菠菜一般不施底肥。如在土壤不肥沃的新棚室里栽培，每亩可施充分腐熟的鸡粪 3 000kg 左右作底肥。夏季应适时浇水，浇后中耕。中耕既保湿又可防止苔藓生长，特别是刚出苗时，如果地面长满苔藓，菠菜就会出现严重的死苗和烂叶现象。其他管理同露地夏秋菠菜。

当菠菜长到 30~40cm 高时（播种后约 40d）要及时收获。夏季菠菜容易腐烂，收获期宁早勿晚。

二、菠菜拱棚越冬栽培

在越冬菠菜翌年返青前，于畦面上进行短期的近地面覆盖，能提前返青，提早上市。一般在菠菜返青前 20~30d，可在菠菜畦上支上简易小拱棚，盖上废旧薄膜。当菠菜返青后开始生长时，一般要进行适度通风，以免返青后的菠菜生长瘦弱、烤苗。菠菜越冬期间近地面盖上废旧薄膜，也有较好效果，可减少死苗，较露地菠菜提前 15d 上市，增产 15%。

越冬菠菜还可在塑料大棚中栽培。大棚菠菜的播期与越冬菠菜相同，早播者可在浇封冻水后天气转寒时扣严棚膜，晚播者应在播种后及时扣严棚膜，促使幼苗在冬前生长。大棚菠菜宜选用耐寒的尖叶品种，撒播或密条播。越冬期间注意防寒保温，中午晴天可适量通风；翌年菠菜返青后，逐渐加大通风量，控制棚温不要超过20℃，以免植株徒长；收获期加大通风，并及时收获上市。大棚菠菜的收获期可较露地越冬菠菜提前 1 个月左右。

第三节 莴 笋

大棚莴笋春季早熟栽培

（一）育苗

春莴笋育苗期较长，80~90d。一般在 10 月中下旬阳畦或改良阳畦中播种育苗。播种前用 25~30℃温水浸种 15~20h，捞出控去水分，用湿纱布包好放在 20℃地方催芽。同时要准备好苗床，每 10m² 育苗畦可施腐熟过筛有机肥 75~100kg，与土壤混匀，搂平浇足底水后播种，每平方米播籽 3g 左右。播种后覆土 0.5cm，当少量种子出土时，再覆土 1 次，厚 2~3mm，促壮苗和出齐苗。

（二）定植

大棚春莴笋在 2 月上中旬定植。定植前提前 20~30d 扣棚烤地，每亩地施有机肥 5 000kg 和复合肥 40kg，待土壤解冻后，翻地整平作畦，也可做成小高畦覆盖地膜。当棚内 10cm 地温稳定在 5℃时定植，行距 30cm，株距 20cm，栽后随即浇水。

（三）定植后管理

1. 温度管理

莴笋喜凉怕热，生长适温为 11~18℃，茎生长初期以 15℃为宜。缓苗后，中午适当通风，棚内温度控制在22℃。茎部开始膨大至收获前，棚温控制在15~20℃，超过25℃茎易徒长，影响产量和品质。

2. 水肥管理

大棚莴笋易徒长，要严格注意浇水。定植水后，中耕2~3次，进行蹲苗。茎部开始膨大时，浇水追肥1次，每亩追硫酸铵20~25kg。此后应保持土壤湿润，适当控水，防止茎部开裂。但也不能控水过度，造成高温干旱，易使植株生长细弱、抽薹。

（四）收获

春大棚早熟春莴笋可在3月中下旬开始收获，供应春淡季市场。

第四节　生　菜

一、生菜日光温室栽培

生菜通过利用各种设施栽培，基本做到周年供应。日光温室以供应冬春淡季生菜栽培为主。

（一）育苗

日光温室结球生菜多行育苗移栽，苗龄一般为25~35d，定植后60d左右可收获。生产者可依据市场需要灵活安排播种期。

1. 播种

结球生菜可用干籽播种，也可浸种催芽后播种。干籽播种前先用相当于种子干重0.3%的75%百菌清可湿性粉剂拌种，拌种后即播种，不宜放置时间长。浸种催芽播种，用20℃的清水浸泡3~4h后，搓洗、控干水装入纱布袋或盆中，在20℃条件下催芽，每天用清水冲洗1次，2~3d可齐芽。

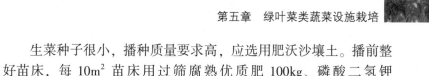

生菜种子很小，播种质量要求高，应选用肥沃沙壤土。播前整好苗床，每 10m² 苗床用过筛腐熟优质肥 100kg、磷酸二氢钾 0.5kg，有条件的可用育苗盘。每平方米苗床用种量为 3~5g。整平床面后浇水，水渗后再撒籽。为了撒籽均匀，可把种子和细沙混匀后撒播，播后覆土 3~5mm 厚。

2. 播种后及苗期管理

播种后温度保持 20~25℃，畦面保持湿润，3~5d 可齐苗。出苗后白天温度 18~20℃，夜间温度 8~10℃。幼苗 2 叶 1 心时间苗，苗距 3~5cm。间苗后可用磷酸二氢铵进行叶面追肥 1 次，同时喷百菌清或甲基硫菌灵 600 倍液防病。苗长到 4 叶 1 心时即可定植。

（二）定植及定植后管理

1. 整地施肥

每亩施优质有机肥 5 000kg 以上，撒施三元复合肥 30~40kg，深翻 20~25cm，整平后作畦，畦宽 1m，也可做成小高畦用地膜覆盖。

2. 定植

定植可按行距 40~45cm、株距 25~35cm 穴栽。栽苗前苗床提前浇水，起苗时切大坨多带土，栽苗后浇足定植水。

3. 定植后管理

定植缓苗后 7~10d 浇缓苗水，并随水每亩施硝酸铵 5~10kg。据不同生菜品种，定植后 15~30d 再重追 1 次肥，每亩追硝酸铵 15~20kg。以后可视具体情况轻补施肥 1 次。中后期应使土壤保持湿润，均匀浇水，采收前停止浇水。

结球生菜须根较发达，根系浅，中耕不宜深。莲座期以前中耕 1~2 次，以后则不中耕。

（三）采收

结球生菜成熟期不大一致，应分次适时采收。一般定植后 60d

左右开始采收。过早采收产量低；采收过晚，则叶球内茎伸长，叶球变松，影响品质。

二、大棚生菜夏秋季栽培

大棚生菜夏秋季栽培于6月下旬至8月中旬播种，7月下旬至9月下旬定植，9月上旬至11月中旬可采收上市。各地应据市场需要确定适宜播期。

大棚生菜夏秋季栽培正值高温、强光照和多雨季节，栽培中应注意以下几点。

选耐热、抗病、适应性强的品种，如奥林匹亚、皇帝等。

育苗可在大、中棚内进行，棚四周揭开通风，棚上再盖遮阳网，降低温度和减弱光照，以利培育壮苗。

生菜属半耐寒性蔬菜，生育适温为15~20℃，不耐高温。特别在结球期，温度更不能过高，否则造成生育不良，徒长，结球松散，抽薹或心叶腐烂。因此，高温季节要减弱光照，降低棚内温度。

夏秋季栽培要防雨排涝，加强病虫害防治。要以防蚜虫和软腐病为主，并注意防止病毒病的发生。

第五节　绿叶菜类蔬菜病虫害绿色防控

一、霜霉病

（一）症状

主要为害叶片。病斑初呈淡绿色小点，边缘不明显，扩大后呈现不规则形，大小不一，直径3~17mm，叶背病斑上产生灰白色霉层，后变灰紫色。病斑从植株下部向上扩展，干旱时病叶枯黄，湿度大时多腐烂，严重的整株叶片变黄枯死，有的菜株呈现萎缩状，多为冬前系统侵染所致。

（二）防治方法

田内发现系统侵染的萎缩株后，要及时拔除；合理密植；发病初期交替喷洒甲霜·锰锌、恶霜灵、霜霉威等。

二、芹菜叶斑病

（一）症状

主要为害叶片。叶上初呈黄绿色水渍状斑，后发展为圆形或不规则形，大小 4～10mm，病斑灰褐色，边缘色稍深不明晰，严重时病斑扩大汇合成斑块，终致叶片枯死。茎或叶柄上病斑椭圆形，3～7mm，灰褐色，稍凹陷。发病严重的全株倒伏。高湿时，上述各病部均长出灰白色霉层，即病菌分生孢子梗和分生孢子。

（二）防治方法

选用耐病品种；种子消毒；合理密植；发病初期交替喷洒多菌灵、甲基硫菌灵、氢氧化铜等，保护地内可选用5%百菌清粉尘剂或百菌清烟剂进行防治。

三、芹菜软腐病

（一）症状

主要发生于叶柄基部或茎上。先出现水渍状、淡褐色纺锤形或不规则形凹陷斑，后呈湿腐状，变黑发臭，仅残留表皮。

（二）防治方法

避免伤根，培土不宜过高，以免把叶柄埋入土中，雨后及时排水；发现病株及时挖除并撒入生石灰消毒；发病初期交替喷洒农用硫酸链霉素、新植霉素、络氨铜水剂、琥胶肥酸铜、CT 杀菌剂等。

四、小白菜、菜薹花叶病

(一) 症状

在新长出的嫩叶上产生明脉，后出现斑驳，病叶多畸形，植株矮缩，结荚少，种子不实粒多，发芽率低。

(二) 防治方法

选育抗病品种；定植时注意剔除病苗、弱苗；合理施肥，促进白菜生长；及时防治传毒蚜虫；药剂防治同白菜类。

五、菠菜潜叶蝇

(一) 症状

幼虫潜在叶内取食叶肉，仅留上下表皮，呈现块状隧道。一般在叶端部内有虫粪及1~2头蛆，使菠菜失去商品价值及食用价值，严重时全田被毁。

(二) 防治方法

1. 深翻土地

种植菠菜前要及时深翻土地，既利于植株生长，又能破坏一部分入土化蛹的蛹，可减少田间虫源。

2. 科学施肥

特别是在施底肥时，一定要施经过充分腐熟的有机肥，特别是厩肥，以免将虫源带进田里。

3. 药剂防治

可喷2.5%溴氰菊酯乳油2 000倍液，或10%溴马乳油1 500~2 000倍液，或90%敌百虫晶体1 000倍液进行防治。

需要引起注意的是，必须在潜叶蝇产卵盛期至孵化初期还未钻入叶内的关键时期用药防治，否则喷药效果较差。

六、跳甲

（一）症状

是重要的作物害虫，成虫吃叶，幼虫吃根。

（二）防治方法

（1）合理安排品种布局，避免十字花科蔬菜连作，播种前深翻晒地，改变生存环境，减轻严重。

（2）药剂防治。杀幼虫可用 90% 晶体敌百虫 600 倍液，或 50% 辛硫磷乳油 500 倍液灌根；杀成虫可用 50% 敌敌畏 800 倍液，或 50% 马拉硫磷乳油 1 000 倍液，或 25% 喹硫磷乳油 3 000 倍液喷雾。

七、斑潜蝇

（一）症状

成、幼虫均可为害。雌成虫以产卵器刺伤叶片，进行取食和产卵，幼虫潜入叶片和叶柄为害，产生不规则蛇形白色虫道，叶绿素被破坏，影响光合作用，受害植株叶片脱落，造成花芽、果实被灼伤，严重的造成毁苗。

（二）防治方法

1. 农业防治

及时清除田间病残体及杂草，并集中处理，发现受害叶片及时摘除，种植前深翻土壤，有条件的地区可实行轮作。

2. 物理防治

采用黄板或杀虫灯诱杀成虫。

3. 药剂防治

在成虫盛发期选择兼具内吸和触杀作用的杀虫剂，于早晨或傍

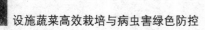

晚进行防治，并注意交替轮换使用农药。每隔7~10d防1次，连续2~3次。可用40%绿菜宝乳油1 000~1 500倍液，或1.8%虫螨克乳油2 000~2 500倍液，或5.7%百树得乳油4 000倍液，或50%蝇蛆净粉剂2 000倍液喷雾。成虫发生多时还可选用敌敌畏烟剂熏烟防治。

第六章　白菜类蔬菜设施栽培

第一节　大白菜

一、大白菜塑料薄膜大棚栽培

(一) 定植时期和方法

当天气转暖，设施内栽培环境气温和5cm地温稳定在12℃以上，夜间气温不低于8~12℃时应及早定植。定植的适宜苗龄为35~45d，适宜生理苗龄为6~7片真叶。

移栽前应先在苗床充分浇水，使床土湿润而不泥泞时移苗，保证带土移栽以利定植后缓苗。如果用营养土块或切块法育苗，缓苗效果更好。

定植前提前半个月扣棚，以提高土温，促进化冻。结合整地施足基肥，一般每亩施入优质腐熟的农家肥5 000kg，其中2/3撒施后翻入土中，其余1/3掺入30kg过磷酸钙和20kg硫酸钾施入沟中，深翻后耙平，作畦或起垄。低畦宽1.2~1.5m，种植2~3行；高畦高10~20cm，畦面宽50~60cm，种植两行；垄畦高15~20cm，垄距50~60cm，种植一行。华北多采用垄畦或低畦，南方多用高畦。高垄栽培有利于大白菜底部通风透光，可以减少病虫害，通过培土管理，还可以促进根系发育，苗情健壮。

(二) 温、湿度管理

大白菜喜温和凉爽的气候，既不耐高温，也不耐低温，生长适温为 15~20℃。定植时正逢莲座期，适宜温度 17~22℃；结球期适宜温度 15~22℃。因此，定植初期应注意防寒保温，尽量避免 12℃ 以下低温出现，促进大白菜快速缓苗。除覆盖地膜外，如果遇多云阴天，出现低温天气，夜间还要搭小拱棚保温。进入 4 月后，塑料大棚内气温回升较快，可先撤除小拱棚，棚内白天温度控制在 25~28℃，夜间最低温度在 12℃ 以上。棚内气温超过 25℃ 时，要及时通风降温。4 月中下旬外界温度较高，大白菜进入旺盛包心期，当外界夜间气温稳定在 15℃ 以上后，可全部去掉棚膜。结球期如遇高温季节植株容易腐烂，还要覆盖遮阳网遮阴降温。

（三）水肥管理

大白菜产量高，需肥量大。叶片需氮量较多，对钙的需要量也较大。除施足基肥外，还应尽早追肥。缓苗后在小高垄的一侧距离植株 10cm 处开沟或打穴，每亩施入尿素 10~15kg，施肥后覆土封沟或盖穴。莲座期重施包心肥，每亩追施磷酸二氢铵 20~25kg、硫酸钾 10kg，还可结合叶面喷施 0.2% 磷酸二氢钾 2~3 次，有利于叶片的生长和叶球的形成。结球中后期追肥宜用稀粪，尽量不施氮肥，以减少大白菜体内的硝酸盐含量。

大白菜叶片多，叶面积大，加上根系较浅，形成蒸腾量较大而吸收能力不强的特性。所以对土壤湿度的要求较高，当水分不足时不仅影响产量，还会使纤维增多。适宜的土壤湿度为 80%~90%，适宜的空气湿度为 65%~80%。但春茬大白菜生长期短，不宜蹲苗，要水肥猛攻，一促到底。定植水浇过后，宜浅中耕，提高地温，加速缓苗。缓苗后结合追肥浇缓苗水，以后每隔 7~8d 浇 1 次水，每次浇水后都要及时中耕松土。包心期气温升高，要小水勤浇，保持土壤湿润，以防高温高湿诱发软腐病。收获前 1 周停止浇水，以免叶片中水分过多不利于大白菜运输贮藏。

（四）植株调整

大白菜栽培期间，要及时摘除病叶、老叶以及病株。结球白菜

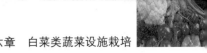

在收获前 10~15d 还要束叶，用草绳或塑料绳将外叶合拢捆在一起。束叶能够防止或减轻收获时的机械损伤，促进外叶养分向球叶中输送，也可以使叶球外层的叶片色淡质嫩，有利于收获和贮藏。

二、大白菜日光温室栽培

(一) 采用营养钵育苗技术

用 3 份过筛的无病菌土、细炉灰和有机肥各 1 份混合配制成营养土，同时拌入适量杀菌剂，如多菌灵、百菌清等，然后加水至手握成团，堆闷 20h，即可装入 8cm×8cm 的营养钵内或营养土块上。

播种时每个营养钵中间打一穴，每穴播 2 粒种子，覆土 1cm 厚，浇水盖膜。经 5d 左右出齐苗后，每钵留 1 株壮苗，并及时通风。间苗后喷 1 次 500 倍液杀菌剂，以防发生猝倒病。苗期随时注意室内温度变化，最低不能低于 8~10℃。最高不宜超过 28℃。如遇下雪、阴雨等恶劣天气，及早预防并采用暖风炉加温等防寒保温措施。

(二) 适时移栽定植

当幼苗长至 6~7 片真叶时即可移栽。定植前整地并施用大量有机肥作基肥，每亩可撒施 5 000kg 腐熟有机肥，并按行距 55cm 起垄条施磷酸二铵 30kg，对土壤杀菌消毒。选晴天下午进行定植，先脱去营养钵，移栽到按株距 40cm 打好的穴内。栽后即覆土盖地膜，并充分浇水。每亩约种植 3 000 株。

(三) 前期保温、后期降温

日光温室春季大白菜生长期间前期温度低，后期温度高。定植时应注意防寒，可以在垄上扣小拱棚，夜间再覆盖草帘保温，尽量避免 10℃ 以下低温环境的出现。进入结球期，温室内温度升高迅速，应及时通风降温，最适温度为 22℃。当室外气温稳定在 15℃ 以上，室内温度超过 25℃ 时，可撤去棚膜，或覆盖遮阳网降温。

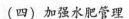

（四）加强水肥管理

定植缓苗后应及时追肥，以农家肥、尿素等速效性肥料为主，每亩穴施 10~20kg 尿素，农家肥结合浇水进行冲施。莲座期、结球前期，结合浇水每亩分别施尿素 15~20kg 或人粪尿 800kg。其间可用 0.2%磷酸二氢钾叶面喷施 2~3 次，促进叶片生长和叶球形成。结球中期后不再追肥，但每次浇水后可视情况及时中耕保墒。高山地区采用一次性施足基肥的方式，定植后一般不再进行土壤追肥，只在必要时叶面补充微量元素。

三、采收

春茬大白菜一般在定植后 50d（直播 70d）左右包心紧实，此时应根据成熟情况、市场价格分批采收，及早供应市场。一方面可以及早取得经济效益，另一方面也可以防止后期遇高温多雨，造成裂球腐烂或抽薹，降低商品价值。大白菜收获有"砍菜"和"拔菜"两种方法。砍菜是用刀或铲砍断主根，因伤口大难以愈合，容易在运输途中腐烂造成损失。拔菜是连同主根拔起，伤口小也易愈合，但是常携带泥土。收获时要视当地大白菜市场供应情况灵活掌握。对生长整齐度较差的大白菜，可以分 2~3 次采收。采收下来的叶球要进行加工整理，必要时分级包装，并采用无毒包装箱或包装袋。

第二节　小白菜

一、小白菜防虫网栽培

1. 选择适宜规格的防虫网

防虫网的规格是指目数、丝径、颜色、幅宽等。生产上较为适宜小白菜生产的防虫网目数为 20~40 目，颜色以白色为宜。

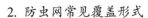

2. 防虫网常见覆盖形式

立柱平网覆盖：利用钢架或水泥立柱搭建平棚网室，再用防虫网覆盖并固定。可用于大面积生产。

大棚覆盖：利用原有大棚，将防虫网直接覆盖在棚架上，四周用土或砖压严压实。棚顶压线要绷紧，以防强风掀开。平时进出大棚要随手关门，以防害虫飞入棚内产卵。

小拱棚覆盖：将防虫网覆盖于小拱棚拱架上，浇水直接浇在网上，一直到采收都不揭网，实行全封闭覆盖。夏秋栽培的小白菜，因其生育期短，采收相对集中，可用小拱棚覆盖栽培。

3. 覆盖前进行土壤消毒和化学除草

种植前要杀死残留在土壤中的害虫、虫卵和病菌，切断病虫的传播途径，要将防虫网的四周压实，防止害虫潜入产卵繁殖。

4. 实行全生育期覆盖

防虫网遮光不多，不需要日揭夜盖或晴盖阴揭，应从播种到采收全程覆盖。

5. 品种选择

小白菜品种选择应根据各地的消费习惯及栽植目的不同，一般宜选用耐热、耐湿、生长速度快、抗逆性强的品种。

6. 栽培季节

长江中下游及以南地区4—11月采用防虫网覆盖栽培，直播、移栽均可；或利用现大棚春夏菜换茬，于6月中下旬至9月上中旬采用防虫网覆盖栽培直播小白菜。

7. 网棚管理

严格检查网顶、网壁、棚门有无破损，及时修补完善，以免破口越撕越大，确保网室内无害虫侵入。平时田间管理时工作人员进出要随手关门，以防蝶蛾类等害虫飞入棚内产卵。菜叶与网纱应保持一定的空间距离，以防害虫钻入或隔网产卵于叶片。小白菜会吸引害虫于网纱上产卵，孵化后的幼虫易钻入网内造成为害，须经常清理网纱。

8. 综合配套措施

结合施用无公害有机肥、应用生物农药、无污染水源等综合配套措施，以获得更佳的效果，最终生产出合格的无公害小白菜。

二、小白菜营养液膜（NFT）水培

小白菜因其株形小、生长期短、丰产性好、管理简单，一年四季均可栽培，是比较适合水培的蔬菜作物之一。水培小白菜生长周期短，复种指数大，生产经济效益高；产量高品质好，比有土栽培产量提高 1~3 倍，水培小白菜一般不打农药，能避免土传病虫害和浇施化肥的污染，其产品鲜嫩、清洁卫生、口感好、品质上乘；适应市场的需求，可缓解蔬菜淡季供应短缺；可克服土壤连作障碍，一年四季进行生产。

（一）NFT 水培装置

NFT 模式也叫营养液膜技术。循环的营养液厚度只有 2cm，就如浅浅的一层水膜。这种营养液供给的方式具有比其他深液流更充足的根域氧环境，生长的蔬菜根系大多处于湿气中，只有底部的根系发挥水与营养的吸收功能，能使蔬菜处于较好的有氧环境，使根的活力得以保持，非常适合小白菜等叶类蔬菜水培。

常见的小白菜 NFT 水培装置，由 20mm×40mm 镀锌钢管焊接成栽培床，栽培床尺寸宽 1m，高 1.2m，长 10m。用高密度聚乙烯泡沫板做成上下两层，分别为底槽和定植盖板，底槽用黑色地膜包裹，防止营养液渗漏，栽培槽盖板设计均匀分布定植孔，定植孔周围的凸起使板面的积水、尘土、昆虫等杂物不易进入栽培槽内。

（二）育苗

育苗基质是由 fafard 泥炭、珍珠岩与多菌灵按 200：50：1 比例混合而成；fafard 泥炭是育苗专用介质。珍珠岩为颗粒直径 5mm 左右的膨胀珍珠岩。

选用育苗盘进行播种育苗，根据小白菜种子大小选择撒播方式。播种育苗时，应浇透苗床，并遮盖无纺布以利于保湿出全苗。电热线均匀铺置于苗床下，保证苗床温度为（25±1）℃。

（三）营养液

营养液贮存在专用的营养液池内. 栽培床采用自动滴灌系统进行营养液循环流动。自动滴灌系统由水泵、进回液管道、定时器组成。滴灌时间为 8—18 时，每小时滴灌 10min。小白菜生长后期，枝叶繁茂，根系发达，可适当延长每次供液时间到 15~20min。

第三节 花椰菜

花椰菜秋大棚栽培

（一）播种育苗

1. 播种期

7 月至 8 月上旬。

2. 播前准备

由于播种期正值高温多雨季节，育苗要选择通风、阴凉、地势高的地块做苗床。苗床上方支架搭棚，上铺塑料薄膜，防止雨淋；再在上面覆盖秸秆、芦苇或遮阳网遮阴，四周还应围上防虫网。

3. 播种

苗床直播：每亩种植面积需育苗床面积约 40m^2，施腐熟的堆肥 150kg、氮肥 0.7kg、磷肥 1kg、钾肥 0.7kg。苗床宽 1.3~1.5m，平畦，采用条播。条沟深 0.5cm，条沟距 10~12cm。播种后覆土、浇水。

穴盘播种：选用 128 孔育苗盘，将配好的营养土装入苗盘穴内，轻压营养土，使穴中基质向下凹 0.5~0.8cm，每穴播 1 粒，上覆 0.3~0.5cm 厚的蛭石。

4. 苗期管理

在两片子叶展开后及时间苗、补苗，穴盘育苗保证每穴 1 株，普通育苗保持苗间距 1~1.5cm。该茬口育苗处于高温、高湿季节，管理上注意降温、降湿。苗期掌握好水分管理，小水勤浇，保持土壤湿润。

（二）定植

1. 定植前准备

定植前 15~30d 闷棚一周，之后把四周棚膜下放，以通风降温。定植前两周整地、施基肥、作畦。每亩施腐熟堆肥 1 500kg、氮肥 10~15kg、磷肥 15~20kg、钾肥 8kg。深翻土地，灌足底墒。整地，作平畦，畦宽 1~1.2m。

定植前 1 周左右，逐渐撤去苗床遮阳网，适当控制水分，加强幼苗锻炼。

2. 定植

定植苗龄 30~40d，幼苗具 4~5 片叶。一般在 8 月至 9 月上旬定植。选阴天或晴天傍晚进行，双行栽苗，早熟品种株行距 50cm×50cm，每亩定植株数 2 400株左右；中、晚熟品种株行距 50cm×60cm，每亩种植株数 2 200株。定植后立即浇水。

（三）田间管理

1. 缓苗前管理

定植后缓苗前田间管理应以降温降湿和病虫害防治为主，棚四周薄膜下放，围上防虫网。有死苗的及时补苗。

2. 缓苗后管理

缓苗后进行蹲苗，晚熟品种重蹲，中早熟品种轻蹲或不蹲。蹲

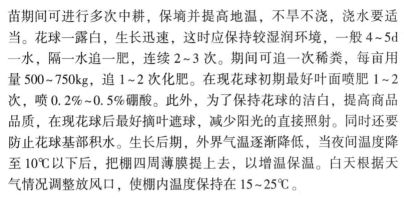

苗期间可进行多次中耕，保墒并提高地温，不旱不浇，浇水要适当。花球一露白，生长迅速，这时应保持较湿润环境，一般 4~5d 一水，隔一水追一肥，连续 2~3 次。期间可追一次稀粪，每亩用量 500~750kg，追 1~2 次化肥。在现花球初期最好叶面喷肥 1~2 次，喷 0.2%~0.5% 硼酸。此外，为了保持花球的洁白，提高商品品质，在现花球后最好摘叶遮球，减少阳光的直接照射。同时还要防止花球基部积水。生长后期，外界气温逐渐降低，当夜间温度降至 10℃ 以下后，把棚四周薄膜提上去，以增温保温。白天根据天气情况调整放风口，使棚内温度保持在 15~25℃。

（四）采收

在花球充分膨大且尚未散开变黄时采收。采收时花球下带 3~4 片嫩叶，以避免花球蹭泥或损伤，保证花球的洁净，提高商品价值。

第四节　青花菜

一、青花菜春早熟栽培

青花菜，又名西兰花，春早熟栽培，须掌握好下述几个技术环节。

（一）培育适龄壮苗

若青花菜春早熟栽培，可利用中小拱棚（不加盖草苫）保护，其定植期为 3 月中下旬。利用阳畦作育苗的播种畦和分苗畦，达到适龄壮苗的日历苗龄需 80d 左右。这样，青花菜春早熟栽培的播种期为 12 月下旬至翌年 1 月上旬。育苗畦准备、播种等同结球甘蓝和花椰菜。由于青花菜种子价格昂贵，尤其要注意精细播种，每平方米育苗床可按 1g 种子播下，力求均匀，不间苗。播种后，苗床白天保持在 20~25℃，夜间 15~10℃。幼苗 2~3 片叶时分苗，分苗可分入分苗畦内，苗距10cm×10cm。

（二）适期定植与田间管理

青花菜春早熟栽培最好选用冬闲地，冬前施肥整地，定植前浅耕、耙细、作畦。因青花菜生长势强，生长量大，宜多施基肥，一般每亩施优质圈肥6 000kg，作畦后定植前，每亩畦施氮、磷、钾复合肥20~30kg，中耕松土，将肥料与土掺匀。小拱棚内10cm地温稳定在7~8℃时方可定植。选晴暖天气定植，畦宽1.2m（包括畦埂），每畦栽2行，株距35~40cm，每亩3 000株左右。定植后浇水并盖严薄膜，缓苗期间不通风。经5~7d缓苗后，逐渐加强通风；数天后，选好天揭开薄膜进行中耕。中耕两次后，每亩施硫酸铵20kg或尿素10kg，并浇水，促莲坐叶生长。追肥并浇两水后，应再进行一次中耕，以适当控制莲坐叶生长，促进植株转向结花球。花球初显现时，每亩追施氮、磷、钾复合肥20~25kg，并浇大水。此后天气已转暖，小拱棚也已撤除，须注意保持田间土壤湿润。

（三）适时采收

由于青花菜花球的货架寿命短，尤应注意适时采收。在顶花球充分膨大而花蕾未开放时，应及时采收。采收时，须连同花球下10cm花茎一起割下。顶花球采收后，可进行追肥、浇水，促侧花球生长。待侧花球已充分长大而花蕾未开放时采收侧花球。这样，可采收2~3次。

二、青花菜秋延迟栽培

青花菜秋延迟栽培的方式和技术与花椰菜大体相同。青花菜的适应性和植株生长势均优于花椰菜，故进行秋延迟栽培比花椰菜容易些。目前，生产上青花菜秋延迟栽培面积不大的原因，可能与青花菜花球货架寿命短、不宜进行贮藏有关。如果进行速冻菜加工，从排开收获期的角度，安排青花菜秋延迟栽培以延长加工期，还是很有意义的。

青花菜秋延迟栽培，可选用绿岭、丝岭、美国西兰花等品种。

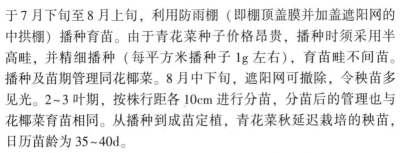

于7月下旬至8月上旬，利用防雨棚（即棚顶盖膜并加盖遮阳网的中拱棚）播种育苗。由于青花菜种子价格昂贵，播种时须采用半高畦，并精细播种（每平方米播种子1g左右），育苗畦不间苗。播种及苗期管理同花椰菜。8月中下旬，遮阳网可撤除，令秧苗多见光。2~3叶期，按株行距各10cm进行分苗，分苗后的管理也与花椰菜育苗相同。从播种到成苗定植，青花菜秋延迟栽培的秧苗，日历苗龄为35~40d。

一般于8月底至9月中旬定植。定植前要重施有机肥作基肥，深耕耙细，做成1.2~1.5m的平畦（包括畦埂），畦宽要考虑小拱棚所用塑料薄膜的幅宽，中拱棚要考虑棚的跨度及作畦、操作的方便。若基肥不足，定植前可往畦内施腐熟的鸡粪，或氮、磷、钾复合肥。施肥后浅刨一遍，使土、肥混匀。起苗定植要少伤根，力求做到带土坨定植。青花菜长势较强，行距可为50~60cm，株距50cm左右。在畦内开穴，栽苗，并浇水。2~3d后，再浇一水，促进缓苗。缓苗后中耕1~2次。为促进莲坐叶生长，可追施速效氮肥，并连浇两水。15~20d后，须控制浇水，进行中耕，以促使植株及时转入花球生长。见小花球后，每亩施氮、磷、钾复合肥20~25kg，随即浇水。10月下旬至11月上旬，花球已长至一定大小，天气也日渐转凉，可插拱架搭盖小拱棚，或中拱棚覆盖薄膜加以保护，以利花球生长，延迟收获。

第五节　甘　蓝

一、春大棚甘蓝栽培

（一）播种育苗

1. 播种期

上年12月下旬温室或阳畦育苗，每亩用种50g。

2. 育苗营养土准备

营养土要求土壤疏松，通透性好，土质肥沃，含有幼苗生长过程所需的各种营养成分。配制营养土的原料是肥沃的田园土，最好是 1~2 年内没种过十字花科蔬菜的，土壤表层 10~15cm 的熟土和充分腐熟的优质有机肥（马粪、大粪干、沤制好的堆肥以及发酵过的秸秆），并补充适量的过磷酸钙、草木灰、饼肥及氮肥。

3. 播种育苗

普通育苗育苗床选择在未种植过十字花科蔬菜、土壤疏松、富含有机质、通风透光好、地势较高的地块。作 1m 或 1.2m 宽畦，浇底水，灌水深度以淹没畦面 8~10cm 为宜，同时准备好过筛的细土备用。待水渗下去后，畦面均匀撒一层 0.3~0.5cm 厚过筛细土，然后将干种子均匀撒播在床面上，播种后再均匀覆盖过筛细土 0.5cm 厚。在两片子叶展开时及时间苗、补苗，保持苗间距 1~1.5cm。当苗长至 2~3 叶时分苗，苗距 8~10cm。出现大小苗时，将小苗分植在温度较高的地方（一般在温室内北侧），大苗分植在温度较低的南侧。寒冷季节分苗，最好采取暗水分苗，即在整平的分苗畦内南北向开浅沟，将幼苗按 8~10cm 的株距码放好，沟内浇水，水渗下后将苗扶正将土填平；也可以开沟后先浇水，再栽苗，水渗下后填土。为促进缓苗，分苗后适当提高育苗床温度，白天控制在 15~25℃，夜间不低于 10℃。

穴盘育苗选用 72 孔或 128 孔育苗盘，将配好的营养土装入苗盘穴内，轻压营养土，使穴中基质向下凹 0.5~0.8cm，每穴播 1 粒，上覆 0.8~1cm 厚的蛭石。

（二）定植

1. 定植前准备

定植前 15~30d 盖棚暖地，棚膜选择透光、保温性能好、强度

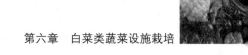

大、耐老化的优质薄膜。可在大棚周围挖防寒沟，深度以当地最大冻土层为标准，宽度为 30cm，沟内填锯末或柴草，上面盖土使之略高于地面。

2. 定植

当棚内 10cm 地温稳定在 5℃ 以上，旬平均气温达 10℃ 以上，即可定植。可在 2 月下旬至 3 月上旬定植，定植前 7~10d 炼苗。选晴天上午定植，双行定植，株行距（35~40）cm×50cm，每亩 4 500~5 000株。定植时可先用打孔器按株距打孔后再行定植，也可用苗铲临时破膜定植。定植后立即浇水，密闭大棚。

（三）定植后管理

1. 缓苗前管理

定植后缓苗前应以增温、保温为主。棚温保持在白天 20℃ 以上，夜间 10℃ 以上，不低于 5℃。寒流天气在棚四周围盖 1m 高的草苫，可使棚内气温增高 1~2℃，无草苫也可用旧塑料膜代替或在大棚内距棚膜一定距离处挂一层薄膜或无纺布，白天拉开，夜间合拢，能使棚内气温提高 2℃ 以上。

2. 缓苗后管理

大棚密闭 7~10d 后，即开始缓苗后，进行通风换气，开始时通风量不宜过大，先从棚的东边开口通风，通风最好在中午进行，注意不要放底风。以后随着外界气温的升高，加大通风量，延长通风时间，使白天棚温保持在 15~20℃，夜间 10~15℃。上午棚温达 20℃ 以上时通风，下午棚温降到 20℃ 时关闭风口。当外界夜间气温达到 10℃ 以上时，大放风，放底风，昼夜通风。缓苗后，浇 1 次缓苗水，选晴天的上午进行。

中耕可疏松土壤，有利于根系生长和好气性，有益微生物的活动。定植 7d 后，没盖地膜的，可进行第一次中耕、除草，以后视土壤情况进行第二次中耕、除草。植株长大，叶片封地，即进入莲座期，不再中耕。

（四）采收

适时采收，当叶球最外叶表面呈亮绿色，叶球内已达七八成充实，即可采收。采收时应根据下茬生产需要或间隔采收，定植下茬作物，或集中采收，净地进行再生产。

二、甘蓝日光温室栽培

（一）育苗

基质的配比要求是：配好的基质具有较好保水、保肥性能；通透性好，能够提供一定量的养分；不积水、不含有毒物质并能固定整个植物体；珍珠岩：泥炭：土＝2：1：2。将穴盘整齐排放在苗床上，将准备好的基质倒入穴盘中，穴面用刮板从穴盘的一方刮向另一方，使每个孔穴中都装满基质；然后用带细孔喷头的喷壶喷透水。根据穴盘的规格制作一个压穴木钉板，木钉为圆柱形，直径为0.8~1cm，高为0.6cm左右，在装好基质的穴盘上进行压穴。压穴深度为0.5cm左右，播种深度0.5~1cm。出苗前白天温度保持在20~25℃，夜间5~7℃则可出苗，发芽率可达85%以上。出苗后白天温度保持在20℃左右，夜间为10~13℃，苗出齐后要及时进行人工除草、间苗。当苗龄25d左右、3叶1心时移栽。苗出齐后10~15d用0.5%甲维盐微乳剂2 000~3 000倍液，或20%斑蝥清微乳剂2 000倍液喷雾防治菜青虫、小青虫等害虫。用72%农用硫酸霉素可湿性粉剂3 500~6 000倍液，或10%苯醚甲环唑水分散粒剂1 500倍液防治甘蓝软腐病、茎基腐病等病害；每隔7~10d用药1次。

（二）分苗、定植

当幼苗长到3叶1心时分苗，多选在无风的晴天进行。栽植深度为2~3cm，覆土深度在子叶以下，苗间距10~12cm，每平方米栽 80~90 株，摆苗要均匀。

移苗后的管理：移栽时在棚南面用玉米秸遮阳，以利于缓苗，5~7d 后幼苗成活，及时去除玉米秸。苗棚内温度白天控制在 18~20℃，夜间定植前 7~10d 逐渐降温炼苗，分苗后 25d 左右开始定植。壮苗标准：6~7 片真叶，叶片厚，颜色深，茎粗，根系发达，苗龄 50~60d。根据幼苗长势可在 11 月中旬前后定植。

定植前准备：把温室整理干净，每亩地施腐熟的猪、牛、羊圈肥 4 000kg，同时按 2∶1∶1 的比例施入磷酸二铵、尿素、钾肥共20kg。深翻土壤 15~20cm，然后做成宽 0.85~0.9m、高 10~15cm的高畦，畦间距 0.3~0.5m。定植在畦上按株距 35cm、行距 45cm挖穴，深 10~15cm，每亩定植 4 000~5 000株。定植后及时浇透水，浇水量以浸没菜垄为宜。

（三）定植后田间管理

温度、水分管理。定植后室温白天保持在 22~25℃，促进缓苗，以利新根发生；缓苗后室温白天控制在 18~22℃，夜间 10℃左右，白天 20℃以上开始通风，傍晚降到 15℃左右时关闭通风口，10℃左右时盖草帘。温室内空气湿度为 80%~90%，土壤湿度为田间持水量的 70%~80%。定植后 20~25d 浇缓苗水，缓苗水不宜过大。

（四）采收

根据甘蓝的生长情况和市场需求，在叶球大小定形、紧实度达到八成时，陆续采收上市，采收时要保留 1~2 轮外叶，以保护叶球免受机械损伤及病菌侵入。

第六节　白菜类蔬菜病虫害绿色防控

一、白菜黑腐病

白菜黑腐病又名半边瘫，以夏秋季高温多雨季节发病重。病株率为 20% 左右，轻度影响生产，病重地块发病率可达 100%，明显影响产量和质量。

（一）症状

幼苗出土前受害不能出土，或出土后枯死。成株期发病，叶部病斑多从叶缘向内发展，形成"V"形的黄褐色枯斑，病斑周围淡黄色；病菌从气孔侵入，则在叶片上形成不定形淡黄褐色病斑，有时病斑沿叶脉向下发展成网状黄脉，叶中肋呈淡褐色，病部干腐，叶片向一边歪扭，半边叶片或植株发黄，部分外叶干枯、脱落，严重时植株倒伏，湿度大时病部产生黄褐色菌溢或油浸状湿腐，干后似透明薄纸。茎基腐烂，植株萎蔫，纵切可见髓中空。种株发病，叶片脱落，花薹髓部暗褐色，最后枯死，叶部病斑"V"形。黑腐病病株无臭味，有霉干菜味，可区别于软腐病。被黑腐病为害的大白菜易受软腐病菌的感染，从而加重了白菜的受害程度。

（二）防治方法

1. 农业防治

（1）选用抗病的青帮、直筒形品种。

（2）实行 2~3 年轮作，与非十字花科作物隔年轮作，邻作也忌十字花科作物，最好是水旱轮作。

（3）适时播种，适期蹲苗。夏季大白菜播期可适当提前，秋冬大白菜播期可适当延后，以避开高温和多雨季节。深翻土地，减少病源。施足有机肥，增施磷、钾肥，施用充分腐熟的圈肥。

（4）尽量选温室或大棚育苗，选土壤肥沃、疏松透气、光照好、前茬种豆或葱蒜的菜园土为好。

2. 物理防治

播种前用 50℃ 温水浸泡 30min 进行种子消毒。

3. 药剂防治

用 0.1%代森铵液浸种 15min，或者 45%代森铵水剂 300 倍液浸种 15~20min，洗净晾干后播种。或用农抗 751 杀菌剂 100 倍液 15mL 浸拌 200g 种子，阴干后播种。或每千克种子用漂白粉 10~20g 加少量水，将种子拌匀后，放入容器内封存 16h，均可有效杀死种子上的病原。

二、白菜白斑病

可以为害白菜类蔬菜、萝卜、芥菜、芜菁等，发病率为20%~40%，重病地块或重病年份病株率可以达到 80%~100%，对生产影响较大。全国各地均有发生。

（一）症状

主要为害叶片。发病初期叶片上散生灰褐色细小斑点，后渐扩大呈圆形病斑，病斑中部渐变为灰白色，边缘有淡黄绿色晕圈。潮湿时病斑背面生一层淡淡的灰霉，后期病斑呈白色半透明薄纸状，易破裂穿孔。严重时许多病斑连成一片，引起叶片干枯死亡。

（二）防治方法

1. 农业防治

（1）选用抗病品种。

（2）与非十字花科蔬菜隔年轮作。

（3）清沟沥水；适期播种，增施有机肥；收获后及时清除田间病残体。

2. 物理防治

可用50℃温水浸种20min，须不断加热水，保持水温不变，并不断搅拌，使种子受热均匀后，移入冷水中冷却，晾干播种。

3. 药剂防治

（1）用种子重量 0.3% 的 25% 甲霜灵可湿性粉剂，或用种子重量 0.4% 的 75% 百菌清可湿性粉剂或 70% 代森锰锌可湿性粉剂拌种。

（2）发病初期喷 80% 代森锰锌可湿性粉剂 600 倍液，或 70% 代森锰锌可湿性粉剂 400 倍液，每隔 15d 喷 1 次，连续 2~3 次。

三、霜霉病

（一）症状

以叶片发病为主，茎、花及种荚也能受害，在莲座至包心期最易感病。

（二）防治方法

在发病初期可选用甲霜灵·锰锌、嘧菌酯·百菌清、霜霉威盐酸盐等，亩用药液量 50kg 左右，根据病情 7~10d 喷 1 次。

四、菜粉蝶

菜粉蝶俗称"菜青虫"，各地普遍发生且为害严重，主要为害十字花科蔬菜。属于鳞翅目粉蝶科。

（一）症状

以幼虫为害叶片，成虫不为害。幼龄幼虫只啃食叶片一面表皮及叶肉，残留另一面表皮，呈透明斑状，俗称"开天窗"。3 龄以后可将叶片吃成空洞和缺刻。如果虫量多、为害严重时可将叶片吃光，仅留叶脉和叶柄。幼虫排在菜叶上的虫粪能污染叶片及菜心。幼虫造成的伤口还易诱发软腐病。

（二）防治方法

（1）及时清除田间枯枝落叶，消灭一部分幼虫和蛹。

（2）生物防治。可采用细菌杀虫剂、Bt 乳剂或青虫菌 6 号

500~600 倍液，喷雾防治。另外还要保护、利用寄生蜂，在寄生蜂盛发期间，尽量减少使用化学农药，也可在 11 月中下旬释放蝶蛹金小蜂，提高当年的寄生率，控制翌年早春菜青虫发生。

（3）化学防治。发生量较大时及时施药防治，可用阿维菌素等药剂喷布。

五、小菜蛾

小菜蛾又称方块蛾、小青虫、两头尖，属于鳞翅目菜蛾科。

（一）症状

初龄幼虫仅取食叶肉，留下表皮，在菜叶上形成透明斑，称为"开天窗"；3~4 龄幼虫可将菜叶食成孔洞和缺刻，严重时全叶被吃成网状。苗期常集中为害心叶，吃去生长点，影响包心，在留种菜上为害嫩茎、幼荚和籽粒，影响结实。

（二）防治方法

1. 农业防治

合理安排茬口，避免十字花科蔬菜连作；蔬菜收获后，清除田间残株落叶，并随即翻耕，消灭越夏、越冬虫口及沟渠田边等处的杂草，减少成虫产卵场所和幼虫食料。

2. 生物防治

喷洒苏云金杆菌（Bt）悬浮剂 500~800 倍液，也可选用 1.8% 阿维菌素（齐螨素、害极灭、爱福丁）2 000 倍液喷雾。

3. 药剂防治

小菜蛾是我国目前抗药性特别严重的一种害虫，它对菊酯类、有机磷类及氨基甲酸酯类农药等均已产生不同程度的抗药性。对某种（类）药剂抗药性严重的地区，应暂时停止使用该种（类）药剂，改用其他作用机制不同的药剂，或将苏云金杆菌与其他化学农药混用或轮用。

六、甜菜夜蛾

（一）症状

初孵幼虫结疏松网在叶背群集取食叶肉，受害部位呈网状半透明的疮斑，干枯后纵裂。3龄后幼虫开始分群为害，可将叶片吃成孔洞、缺刻，严重时全部叶片被食尽，整个植株死亡。4龄后幼虫开始大量取食，蚕食叶片，啃食花瓣，蛀食茎秆及果荚。

（二）防治方法

1. 农业防治

在蛹期结合农事需要进行中耕除草、冬灌，深翻土壤。早春铲除田间地边杂草，破坏早期虫源滋生、栖息场所，这样有利于恶化其取食、产卵环境。

2. 物理防治

傍晚人工捕捉大龄幼虫，挤抹卵块，这样能有效地降低虫口密度。在成虫始盛期，在大田设置黑光灯、高压汞灯及频振式杀虫灯诱杀成虫，同时利用性诱剂诱杀成虫。

3. 生物防治

使用Bt制剂进行防治及保护，利用腹茧蜂、叉角厉蝽、星豹蛛、斑腹刺益蝽等天敌进行生物防治。卵的优势天敌有黑卵蜂，短管赤眼蜂等；幼虫优势天敌有绿僵菌。

第七章 薯芋类蔬菜设施栽培

第一节 马铃薯

一、马铃薯地膜覆盖栽培

（一）适时播种

当土壤 10cm 温度达到 4℃ 左右时即可开始播种，播种时间在 12 月下旬至翌年 1 月上中旬。

（二）合理施肥

地膜覆盖后，马铃薯生长的环境因素改变，马铃薯生长加快，养分消耗快且多，加之以后不能追肥，所以必须一次性施足底肥，一般比大田增加 30%~50%。按单产 3.75 万 kg/hm² 鲜薯计算，需施农家肥 60kg/hm²、尿素 225kg/hm²、二铵 375kg/hm²。如果后期有脱肥现象，需要通过叶面施肥的方法追肥，喷施 1.0%~2.0% 尿素和 0.2%~0.3% 磷酸二氢钾 1：1 混合。

（三）播种方法

一般采取宽垄双行种植，垄宽 60cm，高 15~20cm，垄距 25cm。要求垄面平整细致。为减少水分蒸发，最好一次完成整地、起垄、覆膜等项作业。覆膜时可 3 人一组，1 人在前覆膜，2 人两侧培土压盖，固定地膜，四周用土压严压实。覆膜时要力求达到"紧、平、严"的标准。这样才能达到地膜的最佳效果。膜选用厚

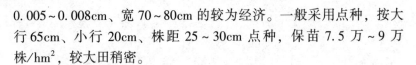
0.005~0.008cm、宽 70~80cm 的较为经济。一般采用点种，按大行 65cm、小行 20cm、株距 25~30cm 点种，保苗 7.5 万~9 万株/hm²，较大田稍密。

（四）田间管理

春季风大，要注意揭膜，平时勤检查，发现问题及时处理；播种后 25d 开始出苗，要及时放苗，根据"放大不放小，放绿不放黄"的原则，主要的目的是适当推迟放苗时间，避免冻害；封垄前要对垄沟浅耕 2~3 次，以提高地温，消灭杂草，接纳雨水；对生长过旺、有徒长促势的地块，显蕾期用多效唑 450g/hm² 兑水 750kg/hm² 喷雾，减少养分消耗，抑制地上部分生长，促进地下块茎膨大；生长后期如果有脱肥现象，要叶面追肥；有条件的地块要浇好冬灌水、苗水、显蕾水、开花水，浇水时注意水面不超过垄高的 2/3。

二、马铃薯大棚栽培

（一）选地选茬

1. 前茬

前茬选玉米、小麦、谷子茬。

2. 土壤疏松肥沃，土层深厚

因为马铃薯是块茎植物，它的块茎是在土壤里形成和长大的，所以要求土壤疏松肥沃，土层深厚，土壤沙质、中性或微酸性（pH 值 5.8~7.0）排水通气良好的地块，具备排灌功能最佳。

3. 合理轮作

特别是马铃薯与葱、蒜一类蔬菜轮作，不仅可调节土壤养分，还可以提高产量，这些蔬菜作物能分泌一种植物杀菌素，有杀死晚疫病及其他病菌作用。

禁忌同甜菜、萝卜、胡萝卜等块根作物轮作，它们会消耗土壤中大量钾，会导致土壤钾肥不足，同时发生共同病虫害。

（二）整地作畦

马铃薯属于深耕作物，要求有深厚的土层和疏松的土壤。

1. 深耕

深耕有利于根系的生长发育和块茎的形成膨大，同时还使土壤疏松，消灭杂草，增强通气性，促进微生物活动，增加土壤中的有效养分，提高抗旱排涝能力。所以整地提倡深耕细耙，要求深耕20~25cm，然后耙细耢平，达到上松下实、无坷垃，为马铃薯生长、结薯、高产创造良好的土壤条件。

2. 有机肥和农家肥于耕前混合施于土壤中

一般施腐熟的生物粪 $30t/hm^2$，与土壤拌匀，促进土壤熟化和疏松。化肥施硫酸钾 $300kg/hm^2$，磷酸二铵 $900kg/hm^2$。为防治地下害虫，可将3%辛硫磷颗粒剂 $40~50kg/hm^2$ 与农家肥混匀一并深耕入土。整地后，作宽 1.0~1.2m 的畦，畦沟宽 30cm、深 20cm。在畦中开浅沟，宽 10~15cm、深 8~10cm，用于浇水。

第二节　山　药

一、山药塑料小拱棚栽培

塑料小拱棚技术可以提高棚内气温和地温，提早山药播种时间，延长山药生育期，从而提高产量。因此，山药塑料小拱棚栽培可克服北方地区春季低温、多风的不利影响，达到早出苗、早管理和增产、稳产的效果，从而提高山药生产经济效益。

（一）地块选择

选择避风向阳、土层深厚、土质肥沃、排灌方便、交通便利、便于管理的地块，最好北高南低，坡度以 8°~10° 为佳。前茬以瓜类、葱蒜类、大白菜、玉米、小麦、豆类等作物为宜。

（二）整地培肥

土壤肥沃是山药生长的基础，在头年秋季作物收获以后，要深翻土地，深翻后冬灌。开春土壤解冻后及时整地施肥，在3月中上旬栽培前深翻土地，并起垄，垄高20cm，垄宽50cm，垄间距30cm，同时在耕层30cm内每亩施入完全腐熟的优质农家肥4 000kg、尿素10kg、磷酸二铵20kg、氯化钾10kg作基肥。施后立即进行浅耕、细耙、整平。整地要做到土细、清除杂质、精耕细作，使肥料与土壤混合均匀。

（三）种苗选择

选择丰产、抗病、性状和表皮特征优良的山药品种，选择单个质量在80~100g的种薯或60g以上的栽子（龙头），在播种前剔除腐烂、畸形的种薯和龙头。

（四）小拱棚搭建

一般南北向搭建小拱棚。播种后，在垄两边用竹片插弓形架，每米插1根竹片，中间用细铁丝顺垄固定，拱高0.6~0.8m。棚架可用竹片或小竹竿固定，在棚架上覆膜，棚膜用厚0.08mm、宽2m左右的白色塑料膜，四周用土压实，防止大风揭膜。一般两垄搭1个小拱棚，长度依地块而定，小拱棚间距0.6m。大风天精心看护，随时压紧棚膜，及时修补薄膜孔洞及棚架倒伏部分。下雪天随时清除降雪，防止压塌小拱棚。

（五）田间管理

（1）苗期管理。播种后地温达到15℃、30d左右出苗，5月下旬当茎蔓生长到40cm左右即可拆除小拱棚，进行中耕除草，在茎蔓开始伸长时用长1.2m左右的竹竿或树枝及时搭架。

（2）补灌。6月中旬至7月下旬是需水关键期，每15d灌1次，共灌3次，遇降水适当减少灌水量。

（3）追肥。追肥一般在 7 月中旬结合灌溉进行。每亩追施尿素 10kg、磷酸二铵 10kg、氯化钾 8kg，9 月上旬叶面喷施 0.3%磷酸二氢钾液。

二、山药日光温室栽培

（一）选地挖沟

1. 选地

以排水良好、肥沃、疏松、土层深厚、有机质含量高的沙壤土较好，这样的土壤生产的块茎表皮光滑，个头整齐，品质好。

2. 施足基肥

山药对氮、磷、钾三要素的吸收，对钾的需要量最多，其次是氮，需要的磷较少，因此底肥应选用高氮、高钾复合肥，一般应根据地力条件、产量水平，亩施充分腐熟好的有机肥 2 000~3 000kg、豆饼 50~100kg、千奥复合肥（16-8-16）150kg，或亩施豆饼 50~100kg、尿素 20kg、磷酸二铵 50kg、硫酸钾 50kg。严禁使用氯化钾。

3. 挖沟

选择玉米、马铃薯、棉花等作物茬口，忌种花生、红薯茬，山药播种前 10~15d 挖沟。

（二）种子的选择及处理

1. 晒种

播种前进行晒种。晒种时每天翻动 1~2 次，使其受光均匀，傍晚收进室内或加盖覆盖物，以防夜间受冻。一般情况下山药栽子晒 20~25d，山药段必须晒 25~30d。

2. 药剂处理

为防种薯带病，在播种前，将晒好的种薯用 50%多菌灵胶悬

剂 1 000 倍液浸种 5~10min，取出晾干即可播种。

（三）田间管理

1. 搭架

山药出苗后，苗高 30cm 后就应支架，茎蔓 40~50cm 高时必须支架，以保护其生长。一般情况下 1 个芽相对形成 1 个块茎，为避免消耗养分，出苗后，每株只留 1 个主茎，其余的芽全部去掉。

2. 水肥管理

山药从春天播种到秋冬收获历时春、夏、秋 3 个季节，生长期 160d 以上，生长期长、需肥量大，因此要获得高产，除施足基肥外，在整个生育期内，还要合理追肥。山药在其不同的生长阶段，有不同的生长特点和需肥规律，追肥应按其需肥规律进行。山药苗期，基肥较足，茎叶生长量小，一般不追肥。甩蔓发棵期第一次追肥，追肥以氮肥为主，亩追施尿素 10~15kg。

第三节　芋

一、芋地膜覆盖栽培

（一）芋头施肥整地

选择土层深厚、土壤肥沃、保水保肥能力强、便于灌溉的地块种植。播前深耕 35~40cm，每亩施腐熟厩肥或堆肥 5 000kg 以上、硫酸钾复合肥 50kg、碳酸氢铵 30kg。整细耙平后作高畦，畦宽 50cm，沟宽 30cm、深 20cm。

（二）芋头适期播种

选无病虫、无伤口的种芋摊晒 3~4d 后密排于室内，上盖 8~10cm 厚的湿沙催芽，室温保持在 20~25℃。20~30d 后芽长

3~4cm、5cm 地温稳定在 10℃ 时栽植。在畦上开两条排种沟，沟距 30cm、深 7cm，沟中浇足水后排种芋，株距 33~40cm，每亩 4 500~5 000 株。栽后覆土 7cm 厚，耙平，每亩用乙草胺 150g 加水 75kg 喷雾化除，覆地膜，膜上每隔 3~5m 横压一道土埂。

（三）适时收获芋头

霜降前后，芋头叶片变黄衰老时收获上市或储藏。

二、芋拱棚栽培

（一）选择地块

种植芋头之前，要选择合适的地块，一般是以排水良好、湿润松软的地块作为种植地，选好地之后将其翻耕 1 次，然后施足灰杂肥和三元复合肥的混合肥料。

（二）播种方法

选择无裂口、无病虫害的健壮小芋头作为种球，然后在地块中挖出行距 0.5m 的栽植沟，再将小芋头按照 25cm 的株距摆放在沟中，保持芽点朝上，最后用土壤盖住即可。

拱棚栽培一般在 2 月下旬开始播种、栽培，到 9 月下旬就基本可以采收。

（三）后期管理

等芋头出苗之后，需要为其搭建大棚，棚架要用铁丝固定住，防止被大风吹倒，等植株长到 30cm 高时，将其侧蔓与心叶摘除，而且要定期清除田间的杂草和枯叶。

（四）注意事项

芋头在秋冬季节成熟后要将其挖出，把块头大、发育良好的芋头贮藏在地窖中，贮藏时要用土层掩盖住芋头，并保持环境的潮湿，而发育不良的小芋头则可以用于下次播种。

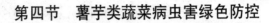

第四节　薯芋类蔬菜病虫害绿色防控

一、马铃薯环腐病

（一）症状

地上部茎叶萎蔫，地下块茎沿维管束环发生环状腐烂，用手指挤压，薯肉与皮层分离。分萎蔫型（萎蔫由顶部向下发展）和枯斑型（症状由下向上蔓延）。

（二）防治方法

整薯播种；选用抗病品种；选用无病种薯；严禁病区调种。

二、马铃薯晚疫病

（一）症状

叶片的顶端发生"V"形淡褐色病斑，病斑外围呈黄绿色水渍状，湿度大时病斑扩大，并出现白霉，薯块表皮出现褐色斑点，内部薯肉呈锈褐色。

（二）防治方法

选用抗病品种；淘汰带病种薯；厚培土；割秧防病；药剂防治同番茄晚疫病。

三、姜瘟病

（一）症状

植株近地面处先发病。发病初期，叶片卷缩，下垂而无光泽，而后叶片由下至上变枯黄色，病株基部初呈暗紫色，后变水渍状褐色，继而根茎变软腐烂，有白色发臭黏液，最后地上部凋萎枯死。

（二）防治方法

轮作换茬；选用无病姜种；拔除病株，挖去带菌土壤，并在穴内施石灰；发病初期交替用敌磺钠、抗菌剂401、代森铵、农用链霉素等喷洒。

四、山药根结线虫病

（一）症状

地上部表现叶色淡、生长弱、植株繁茂性差。地下块茎感病后，在表皮上产生大小不等的近似馒头形的瘤状物，瘤状物重叠形成更大的瘤状物（俗称大疙瘩）。除表皮变深褐色外，内部组织变成深褐色腐烂，似朽木。

（二）防治方法

不从病区引种；合理轮作；消除病残体，增施有机肥；药剂防治同根菜类蔬菜。

五、芋头疫病

（一）症状

叶片初生黄褐色圆形斑，后渐扩大融合成圆形或不规则形轮纹斑，斑边缘围有暗绿色水渍状环带，病斑多自中央腐败成裂孔；叶柄产生大小不等的黑褐色不规则病斑；地下球茎变褐色并腐烂。

（二）防治方法

种植抗病品种，实行水旱轮作，选用无病芋种，种前进行种苗消毒；清洁田间，增施磷、钾肥，避免偏施氮肥；发病初期交替用甲霜灵、雷多米尔、代森锰锌等喷布。

六、马铃薯块茎蛾

（一）症状

幼虫为害马铃薯叶片时，专食叶肉，仅留下叶片上下表皮，呈半透明状；为害块茎时，在块茎内咬食成隧道；成虫夜出，有趋光性，在植株茎上、叶背和块茎上产卵。

（二）防治方法

发生初期交替用氟虫腈、敌敌畏等喷洒。

七、茶黄螨

（一）症状

喜食马铃薯嫩叶，中上部叶片受害较重，受害时使叶片向叶背卷曲。

（二）防治方法

发生初期交替喷洒炔螨特等。

八、二十八星瓢虫

（一）症状

二十八星瓢虫成虫、幼虫在叶背面剥食叶肉，仅留表皮，形成很多不规则半透明的株死亡。果实被啃食处常常破裂、组织变僵；粗糙、有苦味，不能食用，甚至失去商品性。被害作物只留下叶表皮，严重的叶片透明，呈褐色枯萎，叶背只剩下叶脉。茎和果上也有细波状食痕。

（二）防治方法

1. 农业防控

人工捕杀成虫，幼虫，人工摘卵。利用其假死性敲打植株，收集消灭。幼虫孵出前人工摘卵，集中处理，减少害虫数量。

2. 生物防控

喷施苏云金杆菌、云菊素等生物制剂，保护天敌。

3. 物理防控

根据其趋性，利用杀虫灯或种植诱集作物，达到集中捕杀的目的。如种植龙葵诱集。

第八章 葱姜蒜类蔬菜设施栽培

第一节 韭 菜

一、韭菜春早熟栽培

利用保护设施在晚冬或早春时覆盖在韭菜畦上，促使其早萌发，达到早上市的目的。

（一）栽培设施与时间

1. 地膜覆盖

在早春土壤解冻前 10~15d，即 2 月中旬，利用塑料地膜或废旧的大棚薄膜，覆盖在韭菜畦面上（周围要压紧）。后期可用竹竿撑起成为小拱棚，但也可不撑起（韭菜长高时撤除）。这样可提高地温，使韭菜提早 7~10d 上市。

2. 风障阳畦栽培

风障阳畦保温效果好，在韭菜进入休眠后，可以根据需要，随时进行扣膜生产。

3. 塑料大、中棚栽培

如仅有 1 层塑料薄膜覆盖，保温能力较差，栽培不宜过早。一般于 2 月上旬扣棚栽培，于 3 月中下旬开始收第 1 刀，4 月中下旬撤棚，一般收割 3~4 刀。

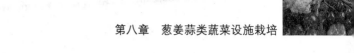

4. 塑料小棚栽培

有草苫覆盖的小拱棚，可于 2 月上旬开始扣棚，3 月中旬开始收第 1 刀；无草苫覆盖的小拱棚，一般于 2 月中旬开始扣棚，3 月下旬开始收第 1 刀。

（二）韭根培育

培育出健壮的根株是春早熟栽培的关键和基础。多选用二、三年生的韭菜根株为宜，衰老的植株不宜用于春早熟栽培。用翌年生的植株作春早熟栽培时，第一年应适期早播（一般 4 月上旬前播种，6 月中下旬前定植），以保证韭菜有足够的生长期，培养健壮植株。7 月及以后定植的韭菜，因生长期不足，营养生长时间短，根茎、根系营养贮备不足，不宜用于春早熟栽培，即使勉强采用，春季植株萌发晚，生长缓慢，产量也不高。用第三年生的植株作春早熟栽培时，生长最旺，产量最高。第五年以后产量逐渐下降。

（三）田间管理

1. 扣膜

冬季扣膜要待植株营养回根后进行。当韭菜地上部完全凋萎后，要及时清理畦面进行扣棚。一般在 2 月开始扣膜，夜间要加盖草苫，尽量提高地温。为提高棚内温度和提早上市时间，覆盖较早的可采用多层覆盖。

2. 清理田园

扣膜后 2~3d，地面开始解冻，即搂去畦面的枯草碎叶，将畦面整理干净，并浅中耕 1 次，以提高地面温度，促进萌发。如越冬前地面覆盖有机肥，可在行间深中耕，把有机肥翻入土中。

3. 水肥管理

过早浇水会降低地温，影响生长发育。在土壤墒情好时，在第 1 刀前可不浇水，待第 1 刀收割后 3~4d，可根据墒情浇 1 次水。

若春早熟栽培时间早，在土壤保水力强、土壤墒情好的情况下，也可在第 2 刀后再浇水。一般在 3 月才开始浇水。从开始浇水起即应"刀刀追肥"，以补充营养，促进生长。每次每亩追复合肥 10 ~ 15kg，或随水冲施人粪尿 500 ~ 700kg。

二、韭菜秋冬连续栽培

采用无休眠韭菜品种，利用日光温室、阳畦和多层覆盖的拱棚等保护设施，秋末冬初覆盖，于冬春季连续生产韭菜。

(一) 根株培养

根株培养的方法和技术与露地韭菜基本相同。但要重施基肥，并可适当多追肥，夏秋季不收割，扣棚时如达到收割标准可收割 1 刀，但尽量浅割，收割后及时浇水追肥。

(二) 扣膜

扣膜适期是在当地最低气温降至-5℃以前，多在 10 月中下旬至 11 月上旬初霜后扣膜。扣晚了会使韭菜转入被动休眠，导致扣棚后生长缓慢。

(三) 田间管理

扣膜后白天适宜温度为 18 ~ 28℃，夜间 8 ~ 12℃。扣膜初期气温较高，注意通风降温，避免徒长。随着外界温度下降，逐渐缩小通风口和通风时间，要尽量保持室温不低于5℃。当夜间室内温度降至5℃时要加盖草苫保温。如严寒季节遇有室内气温过低时，也可以进行临时加温。早春温度逐渐升高后，应加大通风口，增大通风量，草苫要早揭、晚盖。随着外界温度升高，夜间可不盖草苫。4 月上中旬外界气温在 12℃以上时，可逐渐撤掉塑料薄膜，使韭菜完全转入露地生长。

光照充足，植株才能生长健壮，营养积累多，叶色鲜绿。如果长期光照不足，则叶色黄绿，产量也会降低。为保证有充足的光照，应经常清扫塑料薄膜，改善透光条件；适当早揭、晚盖草苫，延长见光时间；阴雨、雪天也应在中午揭苫见光。

扣棚后一般半月左右浇 1 次水，室内温度较低时，要减少浇水次数。每次收割后，应待韭菜植株长至 7~10cm 高时再行浇水，避免因刀口未愈合而遇水引起腐烂。

（四）采收

冬春连续栽培韭菜的收割时期在寒冬和早春，为保证连续丰产和有较高的经济效益，对收割技术有严格的要求。

1. 收割次数

可连续收割 5~6 刀，直至植株生长衰弱、产量很低时结束。如翌年冬季还要利用这些韭根进行生产时，则要严格控制收割次数，以便夏季养根、壮棵。一般收割 4~5 次后，随着韭菜价格的下降可停止收割，进入壮棵、养根阶段。

2. 收割时留茬高度

留茬的高低直接影响韭菜的衰老速度和下次产量。一般以在鳞茎以上 5cm 处收割为宜。最后 1 刀可适当割得深些。留茬的深浅还可根据市场情况来确定，如果市场滞销或价格太低，留茬可适当高些，以贮备营养，以待来茬。

第二节　大　蒜

一、大蒜（头）设施栽培

（一）地膜覆盖栽培

1. 地膜覆盖方法

大蒜播种后，浇透播种水（只要大蒜播种后不降大雨，就要抓紧时间浇透水），以确保大蒜足墒出苗，整齐一致。盖膜大蒜人工除草不便，且杂草较多，生长快，因此盖膜栽培大蒜必须配合化学除草。比较理想的除草剂有乙草胺和拉索。乙草胺用量：沙地或轻壤地亩用 100~150mL，重壤地或黏土地 150~200mL。拉索亩用量 200mL。两种药均兑水 40~50kg 喷施，大蒜浇完蒙头水后至出苗前，与盖膜同时进行。先喷药后盖膜，喷洒要均匀，避免重喷或漏喷。然后覆盖地膜，大蒜浇完蒙头水后，沙壤地第二天可盖膜，重壤黏土地要隔 3~4d。覆盖大蒜的地膜多为聚乙烯透明膜，厚度 0.005~0.007mm。平畦覆盖可用 2m 宽幅地膜，高畦以选用 95cm 宽度地膜为好。将地膜顺畦铺开，两人面对面将地膜两边扯紧，使地膜紧靠地面，同时将地膜两边压进湿土中，压紧、压实。

2. 大蒜（头）地膜栽培技术要点

（1）精细整地，施足基肥。地膜覆盖栽培比常规露地栽培对土壤的要求更严格。要求土壤肥沃，有机质含量高，地势平坦，土块细匀、疏松，沟系配套，排灌通畅。地膜大蒜需肥量大，盖膜后又不便追肥，在肥料运筹中要以基肥为主，追肥为辅。基肥以有机肥为主，化肥为辅，增施磷钾肥或大蒜专用肥。一般每亩施土杂肥 4 000~5 000 kg，或腐熟厩肥 2 000~2 500 kg、禽粪肥 1 000~1 500kg、饼肥 150~200kg、过磷酸钙 25~30kg，也可施大蒜专用肥或复合肥 40~50kg。施肥后深耕细耙，使土疏松。整地作畦时，要达到肥土充分混匀、畦面平整、上疏下实、土块细碎，做成宽 120~180cm 小高畦，两边开沟，沟宽 25cm，深 20cm。也可在前茬收获后，清理残茬地面，喷洒免深耕土壤调理剂，播种前浅松土播种。

（2）严格选种。大蒜选种可采用"两选一分法"，即在大蒜收获时，在田间选择具有本品种形态特征和优良种性的植株留种，要求叶无病斑、头肥大、周整，外观颜色一致，瓣数相近，均匀饱满，并单收单藏。要求种瓣达"五无"标准，即无病斑、无破损、无烂瓣、无夹心瓣、无弯曲瓣，同时用清水、磷酸二氢钾和石灰水分别浸种。尽量选用一级种瓣，尤其是晚茬田更应如此，只有在种子不足的情况下才选用二级种瓣。

（3）适时播种合理密植。地膜有显著增温保墒作用，因此要适期晚播，一般比当地露地蒜迟 10～15d，秋播大蒜适期播种的日均温度为 20～22℃，北方地区 9 月中下旬，以越冬前蒜苗 4 叶 1 心为准；长江流域及其以南地区 10 月中旬至 11 月上旬，冬前长到 5～7 片叶。密度应根据品种特性及土壤水肥情况，一般亩播种 24 000～35 000株。播种时开浅沟，深 4～5cm，按株行距定向（蒜瓣背向南）排种（先播种后覆膜），也可采用按株行距膜上打洞摆种（先覆膜后播种），并用细土盖匀，轻轻去除地膜上的余土，以防遮光，影响增温效果。

（4）及时破膜放苗。先播种后覆膜的田块，约有 80% 幼苗可自行顶出地膜，不能顶出地膜的应及时破膜放苗，以防灼伤。

（5）灌"三水"施"三肥"，严防后期脱肥。在土壤封冻前浇越冬水；翌年春天土壤解冻时浇返青水；蒜头快速膨大初期浇膨大水。冬前追施越冬肥，要求充分腐熟的厩肥；翌年土壤解冻后追施返青肥，以化学氮肥为主；地膜大蒜长势旺盛，需肥量大，后期易脱肥，在中后期追施蒜头膨大肥非常必要，后期根系吸肥能力减弱后要叶面喷施 0.2% 磷酸二氢钾、高能红钾或微肥 1～2 次，以满足大蒜对磷、钾营养的需求，延长后期功能叶寿命，促进蒜头膨大。

（二）日光温室设施栽培

反季节栽培只要选择适宜的品种，创造鳞茎形成和膨大的环境条件和生理条件，就能获得蒜头产品。蒜头形成所需的春化条件可以通过蒜种低温处理提供；鳞茎形成对长日照的要求，通过补光延长光期或暗期光中断可以满足，同时可利用适宜的植物生长调节物质促进大蒜发育和鳞茎膨大。北纬 38℃ 以北地区，主要采用日光温室栽培。

1. 种蒜处理

由于大蒜有生理休眠期，夏季常因休眠期未结束及高温影响，播后出苗困难，因此要采取措施，人为打破休眠。通常采用低温高湿法。即播前 15~20d 将分级的种瓣放在清水中浸泡 12~18h，捞出沥干水后放在 10~15℃、空气相对湿度 85% 环境中。在冷凉湿润条件下经 15~20d，大部分蒜瓣已发出白根，即可播种。有条件的也可将上述经浸泡过的种蒜放入冷库、冰柜（箱）或用绳吊在土井里（水面以上），经 0~5℃ 低温处理 3~4 周，即可打破休眠，促其生根发芽。另外，可用激素处理的方法，把蒜种用清水洗净后，再用 3~6mg/L 赤霉素浸种 10min，晾好后，在阴凉通风处沙床上催芽。

2. 适期播种

一般北方地区宜在 7 月下旬至 8 月上中旬播种。

3. 栽培管理

（1）温度调节与控制。蒜种低温处理后出苗早、鳞芽分化提前，加速了生育进程，缩短了生育期。若没有适宜的温度和光照条件，蒜种低温处理反而降低了蒜头的产量性状指标，使蒜头减产。大蒜经春化阶段后，在 3~5℃ 低温下就可萌芽，但在 12℃ 以上萌芽迅速，幼苗生长适温 12~16℃，鳞茎还需在 13h 长日照及 15~20℃ 温暖气候下才能形成。超过 26℃，根系枯萎，叶片枯干，假茎松软倒伏，进入休眠期。蒜种经低温处理使鳞芽分化期提早，加速发育，但抗寒性差。依据大蒜生长的特性，可有针对性地采取措施，满足大蒜生长的要求。一是前期遮光降温，扣棚时间后移至气温较低时，保证幼苗生长适宜温度；二是后期冬季棚内温度控制在白天 25℃ 以下，夜间不低于 15℃，促进鳞茎生长膨大。必要时夜间采取增温手段。

（2）光照调节与控制。长日照条件对鳞芽分化后的发育起促进作用，能够极显著地促进植株生长和鳞茎膨大，增加鳞茎重量，短日照则抑制了植株生长和鳞茎膨大，降低了鳞茎重量。已有研究结果表明，暗期光中断具有显著的长日效应，同样能够促进植株生长和鳞茎膨大，使鳞茎增重。依据上述理论基础，在大蒜进入鳞茎膨大期后，必须保证其光照时间，一般情况下多采用人工补光手段满足大蒜生长要求，也可采用暗期光中断技术，以每次 10min、9 次光中断处理效果最好。

（3）激素处理。利用激素进行处理主要是弥补因光照不足而导致大蒜内源激素分泌不足，从而影响大蒜鳞茎生长膨大的问题。一是在大蒜生长前期喷施 1 000mg/L 乙烯利，有利于鳞茎分化形成。二是于鳞茎开始膨大时（播种后 95d 左右），叶片喷施水杨酸 200mg/L，促进鳞茎膨大和增重，改善大蒜鳞茎的营养品质。也可叶片喷施矮壮素 200mg/L，抑制大蒜植株生长，促进大蒜鳞茎膨大和增重，改善鳞茎营养品质。

二、青蒜（苗）设施栽培

青蒜即蒜苗，是以鲜嫩翠绿的蒜叶和洁白嫩脆的假茎作为蔬菜供应市场。青蒜一年四季均可生产供应上市，因生产季节和上市时间不同，北方有立冬前上市的"早蒜苗"和早春上市的"晚蒜苗"；南方9月中下旬上市的"火蒜苗"，10月下旬至12月上市的"秋冬蒜苗"，1—2月上市的"春蒜苗"和4—5月上市的"夏蒜苗"等。但随着品种和栽培技术及栽培设施条件的改善，生产时间并不严格，主要是依据市场需求选择适宜的生产时间。

其主要栽培设施有日光温室和塑料阳畦，栽培方法有日光温室畦田栽培、多层架立体栽培、火炕栽培、电热温床栽培和塑料阳畦栽培等。目前主要采用日光温室和塑料阳畦栽培。

（一）施足基肥

青蒜栽培密度大，需肥量大，且生长期短，要求在较短时间内长成较大个体。因此，青蒜栽培需要充足的水肥条件，且速效肥与长效肥相结合，施足基肥，促其地上部快速生长，才能获得优质高产的青蒜。在耕翻之前，每亩施腐熟厩肥 $4 \sim 5m^3$ 或土杂肥 $5 \sim 6m^3$，人畜粪 $3\,000 \sim 4\,000kg$，饼肥 $100 \sim 150kg$，碳酸氢铵 $15 \sim 20kg$，钾肥 $5 \sim 7.5kg$，也可施大蒜专用肥（或三元复合肥）$20 \sim 30kg$。

（二）种蒜处理

大蒜有生理休眠期，夏季常因休眠期未结束及高温影响，播后出苗困难，因此要采取措施，人为打破休眠。

通常采用冷水浸泡和低温催芽法。将选好的种蒜剪去蒜脖假茎和根须，剥去部分外皮，露出蒜瓣，放在凉水中浸 24h（深秋初冬浸泡时间宜长些，立春前后浸泡时间宜短些），但应避免浸泡过头造成散瓣（以蒜头播种）。将上述浸泡过的蒜种放在 $0 \sim 10℃$ 低温下贮存 $30 \sim 45d$ 即可播种。

（三）适期播种

将处理过的种蒜去掉盘踵，蒜头和蒜瓣均应按大、中、小等级分开播种，分别管理。播种于棚室内宽 $120 \sim 150cm$ 的畦中，株行距 $(3 \sim 4)$ cm $\times$ $(13 \sim 15)$ cm，或 $5cm \times 6cm$，每亩用种 $400 \sim 450kg$，约播 50 万株。播后浇水，上覆细沙土 $2 \sim 3cm$。因青蒜上市时间不同，播期也有较大差异，一般北方地区国庆节至元旦上市的宜在 7 月下旬至 8 月上中旬播种，春节前后陆续上市的宜在 9 月上旬播种。高温季节播种，先将畦面浇足水分，待表土疏松时即可，要求浅播以利出苗，第二天清晨再浇 1 次水，畦面撒一薄层细土，并盖一层厚 3cm 左右麦秸，搭架遮阴（有条件的可用遮阳网），保墒降温，减少蒸发，同时可防止大雨冲击，确保出苗和正常生长；晚播蒜宜开沟浅播，浇足底水后覆薄层熟土，再盖一层麦草，不需搭架遮阴。

（四）播种后管理

播种后出苗前，白天温度控制在 $23 \sim 25℃$，夜间 18℃，土温

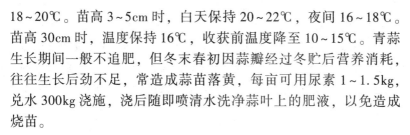

18～20℃。苗高 3～5cm 时，白天保持 20～22℃，夜间 16～18℃。苗高 30cm 时，温度保持 16℃，收获前温度降至 10～15℃。青蒜生长期间一般不追肥，但冬末春初因蒜瓣经过冬贮后营养消耗，往往生长后劲不足，常造成蒜苗落黄，每亩可用尿素 1～1.5kg，兑水 300kg 浇施，浇后随即喷清水洗净蒜叶上的肥液，以免造成烧苗。

（五）及时收获

一般青蒜播种后 60～80d、在地下鳞茎未形成时，苗高达 35～40cm 采收，过迟或组织老化、纤维增多，食用价值降低。也可根据市场需求陆续收获上市。收获时可根据播种期先后和长势强弱，分期分批采收。收获方式有两种，一种是刀割青蒜，待伤口愈合后及时追肥，养好下茬青蒜；另一种是采用隔行或间株起刨青蒜，多数均采用分批分次连根刨起。

三、早薹蒜简易大棚栽培

其主要栽培技术如下。

（一）品种选用

选用薹瓣兼用，且植株长势旺、抽薹早的品种。如早薹蒜 2号、四六瓣等红皮品种。

（二）播种技术

1. 选地

大蒜对土壤适应性较强，除盐碱沙荒地外都能生长，由于根系浅，以富含有机质、肥沃的沙质壤土或壤土为宜。

2. 整地施肥

基肥以有机肥为主，因地膜覆盖栽培大蒜施肥不便，加之养分淋溶减轻，在播前除每亩施腐熟优质圈肥 5 000kg 外，还应施入氮磷钾复合肥 50kg。

3. 精选蒜种

蒜种大小与产量有密切关系。蒜种越大，长出的植株越苗壮，所形成的鳞茎越肥大，因此收获时要选头，播种时要选瓣。选择标准是：蒜瓣肥大，色泽洁白，无病斑，无伤口，百瓣重 400g 以上。剥皮播种利于发芽、长根。

4. 播种

大棚早薹蒜适宜播期为 9 月下旬，播期过晚易导致产量下降、抽薹过晚，而且独头蒜多，二次生长严重，影响商品价值。大蒜栽培采用平畦，畦宽 1.5m，每畦 8 行，株距 8~10cm。播种时，将大蒜瓣的弓背朝畦向，使大蒜叶片在田间均匀分布，采光性能良好，播后覆土 2cm，浇透水。每亩播种 35 000~40 000株。播种后 3~5d，每亩喷洒 33% 除草通乳油 150g，然后覆盖地膜。

（三）扣棚及管理

1. 扣棚时间

扣棚适宜时间为 12 月中下旬。过早，春化过程不能完成；过晚，影响早熟。在晴朗无风天气进行，以免损坏棚膜，尽量选择无滴膜。为提高大棚内温度，可加盖草帘，以利蒜苗生长。

2. 浇水追肥

扣棚后应及时浇水追肥 1 次，每亩追施尿素 20kg，以利缓苗。用辛硫磷等药剂结合浇水进行灌根，防治蛆害。天气晴好、棚内温度高于 25℃ 时应适当放风，以防大蒜徒长、蒜薹细小。蒜苗返青后，植株进入旺盛生长期。此时，对水肥的需求显著增加，以后每隔 6~7d 浇水 1 次。当新蒜瓣、花芽形成以后，需要钾肥量增加，每亩追施钾肥 15kg。采薹前 5~7d 停止浇水，利于采收，以免蒜薹脆嫩折断。蒜薹全部采收完后，及时浇水，保持土壤湿润，以供给鳞茎膨大所需的水分，降低地温，避免叶片早衰。大蒜采收前

5~7d 停止浇水。

3. 收获

及时采收蒜薹不仅能获得质地柔嫩的产品，同时还能节省养分，促进鳞茎迅速膨大。一般 3 月底至 4 月初，蒜薹露出叶口 10cm 左右、打弯成 90°时，是蒜薹收获适期。采薹过早易降低产量，过晚纤维素增多，降低品质。采薹应在晴天午后茎叶出现萎蔫时进行，此时蒜薹韧性较强，不宜抽断，尽量不要损伤叶片和叶鞘，以免影响养分输送，降低鳞茎产量。

第三节　葱

一、大葱春季设施提早栽培

春季设施提早栽培一般于 9 月下旬至 10 月上旬采用小拱棚多层覆盖育苗，翌年 1 月中下旬大棚三膜覆盖，5—6 月收获。

（一）培育壮苗

（1）苗床准备。苗床建在 3 年未种过葱、韭、蒜的田块，东西向，一般宽 1.2m，长依育苗量而定。每定植 1 亩需育苗面积 80m^2。每平方米苗床施腐熟羊马粪 2~3kg、三元复合肥 100g，与床土充分混匀，备好拱条、薄膜、草苫等保温物资。

（2）适时播种。播种过早，冬季葱苗绿体太大，易春化抽薹开花；过晚葱苗太小，不能适时定植。播种适期一般为 9 月下旬至 10 月上旬。播前造墒，撒播葱种 150g，喷水渗下后，喷洒 2 000 倍液移栽灵（一种植物抗逆化学诱导剂），预防倒苗，盖土 2cm 厚。

（3）苗床管理。播种后及时架设小拱棚，覆盖草苫，保温防寒，提高地温，促发芽出苗。出苗后重点搞好温度调控，棚温尽量控制在 23~25℃，夜间在 8℃以上，视天气变化情况及时揭盖草苦。冬季雨雪连阴天要晚揭早盖，尽量增加光照时间。一般苗床不浇水施肥。为防猝倒病，葱苗直钩前后喷洒 2 000 倍液移栽灵 1~2遍。当葱苗 2 叶 1 心时即可定植。

（二）定植

大棚越冬栽培采用两膜一苫覆盖。两膜，即大棚和内架小棚覆盖膜；一苫，为小拱棚膜外加盖的草苫。大棚定植前 10~15d封棚升温，定植后架设小拱棚覆盖保温。前茬收获后结合深耕，每亩施腐熟农家肥 8 000~10 000kg，耙平后开沟栽植。栽植沟南北向，沟间距 1m，深 25cm，沟底每亩施三元复合肥 20kg，划锄入土，土肥混匀。移苗前 1~2d 苗床浇水，起苗时抖净泥土，选苗分级，剔除病、弱、残苗和有薹苗，将葱苗分为大、中、小三级分别定植。边刨边选，随运随栽。用 2 000 倍液移栽灵蘸根。一般 1 月中下旬定植，行距 1m，株距 3cm，每亩栽苗 22 000~23 000株。多采用水插栽植，先用水灌沟，水深 3~4cm，水下渗后再用葱杈压住葱根基部，将葱苗垂直插入沟底，栽植深度 5~7cm，达外叶分杈处不埋心为宜。插葱时叶片的分杈方向要与沟向平行。

（三）田间管理

（1）温度管理。定植后立刻覆盖小拱棚，夜间在小拱棚上盖草苫保温。特别是到假茎粗 0.5cm 以上、植株 4 叶 1 心时加强夜间保温管理，尽量减少温度低于 8℃的次数和时间，严防大葱通过春化阶段导致抽薹开花。3 月上中旬气温已逐渐升高，大葱也进入假茎生长初期，结合施肥培土，可撤去小拱棚，随气温逐步升高应逐渐加强大拱棚通风，尽量将温度控制在白天 20~25℃、夜温不低于8℃的适宜范围内。

（2）浇水管理。定植后浇 1 次小水，葱苗根系更新后进入葱白生长初期再浇水，大葱进入旺盛生长期前只能少浇水，浇小水；进入旺盛生长期后，结合培土大水勤浇，叶序越高，叶片越大，需水量越多，中后期结合培土施肥应 5 ~ 6d 浇 1 次水，直至收获。

（3）追肥管理。大葱缓苗后追提苗肥，结合浇水每亩施尿素 15 ~ 20kg；葱白生长初期，生长逐渐加快，追攻叶肥，每亩追三元复合肥 25kg、尿素 10kg；葱白进入生长旺盛期，是大葱产量形成的最快时期，葱株迅速长高，葱白加粗，需水肥量大，应追攻棵肥，氮磷钾并重，分 2 ~ 3 次追入，一般每亩施三元复合肥 50kg、尿素 20kg、硫酸钾 20kg。

（4）培土管理。每次培土高度 5 ~ 6cm，将土培到叶鞘与叶片的分界处，只埋叶鞘，不埋叶片。一般培土 3 ~ 4 次。5 月上中旬，当假茎长达 35cm、粗 1.8cm 以上时即可收获。

二、小葱日光温室栽培

为了适应市场需要，使消费者在严寒的冬季能吃到翠绿、鲜嫩、爽口的小葱，可选用日光温室栽培。每亩日光温室产值可达 10 000 ~ 12 000 元。

（一）培育壮苗

（1）苗床准备。为了方便，可在靠近定植畦的生产畦上育苗，每亩施优质农家肥 5 000kg 左右。若前茬是果菜类品种，可适当减少施肥量，与床土混合均匀，整平畦面。

（2）播种期。育苗播种过早，采收时小葱长得过大，失去意义；播种过晚，产量低，影响经济效益。

（3）播种量。根据计划栽植温室的面积确定育苗面积。一般 $5m^2$ 的葱苗可定植 10 ~ 15m^2 生产地。$5m^2$ 的苗床需播种当年采收的大葱种 25 ~ 50g。如果用陈葱种，要加大播种量。因为陈葱种即使出苗其抗逆性也差，遇到旱、涝等不利条件易烂根。

（二）定植

8 月末 9 月初苗高 25cm 左右，有 3 ~ 4 叶，茎粗 2 ~ 3mm 时定

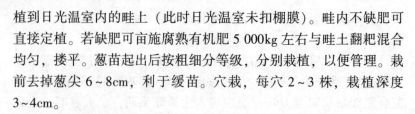

植到日光温室内的畦上（此时日光温室未扣棚膜）。畦内不缺肥可直接定植。若缺肥可亩施腐熟有机肥 5 000kg 左右与畦土翻耙混合均匀，搂平。葱苗起出后按粗细分等级，分别栽植，以便管理。栽前去掉葱尖 6~8cm，利于缓苗。穴栽，每穴 2~3 株，栽植深度3~4cm。

（三）田间管理

定植当天浇定植水，7~10d 后浇 1 次缓苗水，再往后 10 多天浇 1 次水。为使葱苗均匀整齐，对小苗弱苗，可适当增加灌水次数并追施少许氮肥。扣棚前先浇 1 次水，扣棚后不再浇水。根据天气情况在 11 月初至 11 月中旬扣上日光温室棚膜。此时葱叶经过霜冻已失绿变枯黄，在离地面 3cm 高处用剪去枯叶，等待发出新葱叶。小葱生长适宜温度白天 20~25℃，夜间 5~6℃，高于 25℃：要放风，否则棚内温度过高，小葱易徒长倒伏。11 月底，外界气温开始降低，为保持棚内适宜温度。在棚膜上加盖纸被和草苫。

（四）采收

1 月初，小葱高 30cm 左右，茎粗 1~1.5cm，3~4 片叶时即可采收上市。

三、大葱高寒地区地膜覆盖栽培

（一）播种育苗

当地 2 月中旬播种育苗，播种前每亩温室施优质腐熟农家肥 4 500kg、尿素 10kg、磷酸二铵 10kg 作底肥，并用敌磺钠每平方米 5g 撒施床面，耕翻整平，浇足底水。种子用 50~55℃ 热水浸烫 10min，捞出后用 20~30℃ 温水浸泡 4h，每隔一段时间搅动 1 次种子；捞出晾干，用湿纱布包起来放入瓦盆，放到热炕上催芽。种子露白后均匀地撒播于苗床，并覆盖一层干细土，厚度一般 1~2cm。上覆塑料薄膜，以利于提早出苗。

（二）苗期管理

幼苗出土前，白天保持 20～26℃，夜间不低于 13℃；齐苗后白天保持 18℃ 左右，夜间不低于 8℃；定植前一周加大通风量，延长放风时间，白天温度 10～12℃，夜间 0℃ 以上，进行炼苗。出苗后及时撤掉塑料薄膜，以防烧芽。在整个育苗期只在齐苗后和真叶 2 片时浇 2 次水，叶面喷施 0.1% 尿素 +0.2% 磷酸二氢钾 2 次。灰霉病用腐霉利、万霉灵、多菌灵等可湿性粉剂叶面喷雾。低温高湿易发生猝倒病，可用敌磺钠撒施床面。壮苗苗龄 60～70d，苗高 25～30cm，3～4 片叶，茎粗 0.6～1.0cm，叶色深绿，无病虫害。

（三）定植

当气温稳定 5℃ 时定植，当地 4 月 20 日至 5 月上旬。选 3 年未种过葱蒜类的地块，每亩施充分腐熟农家肥 4 000kg、过磷酸钙 40kg、草木灰 100kg，撒施地面，并用 50% 辛硫磷 1 000 倍液喷洒，以防地蛆，耕翻，整平整细。待地皮发白后作平畦，畦宽 3m，长 7m。地膜平展，四周用土压严、压实。定植株行距均为 10cm。因地膜定植不能培土，所以要深栽，深度为 10～11cm，不埋住生长点。每穴 1 株，每亩栽 5.3 万株左右。

（四）收获

6 月初，当地上部长到 60～80cm，葱白长 30cm 左右、粗 2～3cm 时上市，此期正值大葱市场销售淡季。

四、大葱夏季遮阳网覆盖栽培

大葱是耐寒性蔬菜，耐寒能力较强，但耐热性较差。叶片在 13～25℃ 时生长旺盛，10～20℃ 时葱白生长旺盛，但温度超过 25℃ 则生长迟缓。如果光照过强，会引起叶片加速老化，商品性降低。通过设施栽培，保证大葱生长小环境适宜的温度，减弱大葱生长后期的光照，让大葱安全越夏。

（一）培育壮苗

（1）苗床准备。选3年未种葱、韭、蒜的地块，东西向做床，宽1.2m，每平方米苗床施腐熟有机肥2～3kg、三元复合肥100g。

（2）适时播种。大葱越夏栽培，主要是供应7、8月的大葱市场，育苗应选在1月底至2月上中旬。种子放入65℃左右的温水中烫种20～30min。播前造墒，每定植1亩需撒播葱种100g，盖土2cm厚。

（3）苗床管理。采用两膜一苫保温措施。播种后及时在大拱棚中架设小拱棚，覆盖草苫保温防寒。有条件的可用地热线增加地温。出苗后保温，白天尽量控制在15～25℃，晚上以不低于6℃为宜，视天气情况及时揭盖草苫。雨雪连阴天晚揭早盖，尽量延长光照时间。注意防治猝倒病。

（二）定植

一般在4月下旬定植，此时温度已回升，可露天定植。结合深耕每亩施腐熟土杂肥8 000kg，耙平，开沟。栽植沟南北向，宽1m、深25m，沟底每亩施三元复合肥20kg，划锄入土，土肥混匀。起苗前1～2d苗床浇水，分三级选苗，剔除病残、弱苗及有薹苗，边起边栽。行距1m，株距3cm，每亩栽苗2.2万～2.3万株。

（三）田间管理

进入夏季后温度升高，光照加强，此时应加盖遮阳网。随着温度升高，大葱进入旺盛生长期，结合培土大水勤浇，中后期结合培土施肥，每4～5d浇1次水。雨季及时排涝，不积水。缓苗后追缓苗肥，结合浇水每亩施尿素15～20kg。葱白生长初期追攻叶肥，每亩施三元复合肥25kg、尿素10kg。葱白生长后期，氮磷钾并施，每亩分3次追三元复合肥50kg、尿素20kg、硫酸钾20kg。大葱生长期间培土 3~4 次。7—8 月当假茎长达 35cm、粗 1.8cm 以上时收获。

第四节 姜

一、姜大棚早熟栽培

(一) 种姜处理与催芽

1. 晾种、挑种、掰种

播前 25~30d 从姜窖中取出种姜，一般每亩准备种姜 300~400kg，放入日光温室内摊晾 1~2d；晾干种姜表皮，清除种姜上的泥土，并彻底剔除病姜、烂姜、受冻严重的失水姜，选择肥大、皮色有光泽、不干缩、未受冻、无病虫的健壮姜块作种姜；摊晾后掰姜，单块重以 50~75g 为宜。

2. 种姜消毒

为防止病菌为害和蔓延，催芽前对种姜进行消毒。常用的方法是用固体高锰酸钾兑水 200 倍液，浸种 10~20min；也可用 40%甲醛 100 倍液浸种 10min，取出晾干。

3. 加温催芽

生姜大棚种植必须提前催芽，一般播种前 25~30d 开始催芽。此时温度尚低，为保生姜顺利出芽，可采用火炕或电热温床或电热毯催芽法。催芽温度保持在 25~30℃，待姜芽萌动时保持 22~25℃，姜芽达 1cm 左右即可播种。

(二) 重施基肥

大棚生姜生长期长，产量高，对肥料吸收量多，要加大基肥施用量，并多施生物有机肥料。一般冬前每亩施充分腐熟鸡粪 3~4m³。深翻地时施入。种植前开沟起垄，在沟底集中施用有机肥

200kg+三元复合肥50kg（或豆饼150kg+三元复合肥75kg），把肥料与土拌匀灌足底水即可栽植。为防止地下害虫，可施入硫磷颗粒剂2~3kg。

（三）适期播种，合理密植

若在大棚膜上加盖草苫，播种期以3月上旬为宜，若不盖草苫，播种期以3月中下旬较为安全。大棚种植生姜，播种时南北向按55~60cm行距，开10cm深的播种沟，浇足底水，水渗后按18~23cm株距、姜芽向西摆放种姜，如种植密度再加大，虽然产量仍有增加，但增产幅度下降，商品性状变劣，且生产成本大大提高。播后覆土4~5cm，并搂平耙细。

二、姜大棚秋延迟栽培

（一）姜种精选与处理

（1）精细选种。在生姜播种前1个月左右从姜窖中取出种姜，选肥大、色泽鲜亮、质地坚硬、无干缩、无腐烂、无病虫害的健壮姜块作姜种。严格淘汰干、软、变质以及受病虫为害的姜块。播种前再结合掰姜进行复选，确保姜种健壮。

（2）晒姜、困姜与催芽。姜种先晾晒3d，放在20~25℃条件下困姜2~3d，以加速姜芽萌发。然后在20~24℃下催芽，约经25d即可催出姜芽。

（二）施足基肥

播种前结合土壤耕作施足基肥，每亩用量为有机肥5 000kg、过磷酸钙50kg、硫酸钾复合肥70kg。整平待播。

（三）抢茬早播

在地温能满足生姜生长发育的前提下，播种越早产量越高。因此，利用大棚进行秋延迟种植，应在前茬蔬菜收获后抢茬播种，一般在5月15日前后播完。播种前先将催好芽的姜种掰成

75g 左右的姜块用，每个姜块上只保留一个长 0.5~1.0cm、粗 0.7~1.0cm、顶部钝圆、基部有根突起的壮芽，将其余的姜芽全部除掉。在掰姜过程中要淘汰不合格的姜块，按 50cm 的行距顺棚向开沟，沟内灌足底墒水，等水渗下后按 16~17cm 的株距播种。把姜块平放沟底，使姜芽朝向保持一致。姜种摆好后，用 300~500 倍液高锰酸钾水溶液顺沟喷洒一遍，预防姜瘟病。最后覆土 4cm 厚。

三、姜遮阳网覆盖栽培

遮阳网有较强的遮光性，正好适合耐阴的生姜。在全生育期均可覆盖，只是覆盖形式不同。近年来，生姜生产普遍应用遮阳网覆盖栽培，并取得良好效果。要根据不同季节的特点采用相应的覆盖形式，以期达到最佳效果。

（一）早春覆盖

如果外界气温不稳定，经常低于 20℃，及时加盖地膜和遮阳网能提高 4~8℃，也可防止低温寒流的侵袭，增强了保温效果。遮阳网在生姜出苗前覆盖在地膜外面，出苗后覆盖在小拱棚上，一般不揭网。

（二）夏秋季覆盖

7 月中旬至 9 月下旬是盛夏高温季节，正值生姜生长旺季，气温常在 35℃以上，中午超过 38℃，甚至高达 40℃，不利于生姜生长。采用遮阳网覆盖栽培，可降温 2~5℃，同时可减少水分蒸发与流失。在姜地上搭高 1.5m 的棚架，直接将遮阳网覆盖在棚架上，具有防强光、降温，兼有防暴雨、防雹、保墒等效果。

（三）晚秋覆盖

生姜生长的后期易受低温和晚秋的早霜危害。在此期间采用遮阳网覆盖，可提高地温 5~7℃，提高气温 6~8℃，延长生姜生长期

10~15d，提高产量10%以上，同时可减轻后期低温危害和早霜的冻害。可将遮阳网盖在大棚上，也可直接加盖在生姜上，能明显减轻早霜冻害，提高生姜品质。

第五节　洋　葱

一、洋葱大棚栽培

（一）苗床准备

洋葱苗床为中性或微酸性土壤，地势平坦，质地疏松，肥力中等，已有3年未种植葱蒜类蔬菜。沙土、黏质土、碱土和低洼地不宜用作苗床。播种前10~15d开垦，结合深耕施用腐熟农家肥。每亩施用2 000~3 000kg农家肥和20kg过磷酸钙，然后耙平土地。

（二）种子处理

播种前，洋葱种子在300倍液福尔马林溶液中浸泡3h，用清水冲洗，干燥后播种。或者，种子可以在50℃的温水中浸泡25min，放在冷水中冷却，干燥并播种。如果购买了处理过的种子，可以省略此步骤。

（三）播种方法

播种前，常以温水浸泡来进行催芽。这样可使洋葱出苗率较高，也可直接播种，即将种子均匀地撒在畦面上，覆盖1~1.5cm厚的土壤。播种后及时覆盖草皮或地膜，保持土壤湿润。

（四）温度管理

育苗初期，白天温度应保持在20~25℃，夜间温度应保持在10℃左右。白天适当通风以降低中午秧苗棚的温度，防止温度过高影响洋葱幼苗生长。阴天或气温较低时，可提前喷洒30mL/桶尤马修补剂，防止低温冻伤。

二、洋葱日光温室栽培

（一）土地整理

种植前必须平整土壤，施用成熟的农家肥和过磷酸钙。

（二）播种育苗

洋葱经浸种处理后，置于25~28℃的条件下保湿发芽，然后倒在苗床上，均匀播种。

（三）种植

当洋葱幼苗生长到3~4片真叶时，就转移到田间。洋葱对养分的需求量较大，移栽前以腐生有机肥为主，然后做好土地管理。洋葱一般在冬季前种植，天气寒冷，不宜种植后进行大水灌溉。

（四）田间管理

在洋葱生长过程中，为了吸收养分，必须经常浇水，保持田间湿润。春季应结合绿色水施用尿素，在鳞茎膨大阶段应施用硫酸钾。

第六节　葱姜蒜类蔬菜病虫害绿色防控

一、紫斑病

（一）症状

叶片、花梗、鳞茎均可受害。发病初期病斑小，灰色至淡褐色，中央微紫色，后扩大为椭圆形或纺锤形，凹陷，暗紫色，常形成同心轮纹，湿度大时长出黑霉。叶片或花茎可在病斑处软化折倒。此病主要为害大葱和洋葱，也可侵染大蒜和韭菜等。

（二）防治方法

田间病残体；选用抗病品种和无病种子；实行轮作；加强田间管理，增强植株的抗病性；发病初期交替喷洒百菌清、代森锰锌、扑海因等。

二、锈病

（一）症状

叶片、叶鞘和花茎易染病，初期出现椭圆形褪绿斑点，很快由病斑中部表皮下生出圆形稍隆起的黄褐色或红褐色疱斑，疱斑破裂后散出橙黄色粉末。植株生长后期，病叶上形成长椭圆形稍隆起的黑褐色疱斑，严重时病叶黄枯而死。

（二）防治方法

选用抗病品种；加强水肥管理，增强植株抗性；雨后及时排水，降低田间湿度；发病初期交替喷洒三唑酮、萎锈灵、代森锰锌等。

三、韭菜疫病

（一）症状

叶片、花薹受害，多从下部开始发病，初为暗褐色水渍状，病部失水后明显缢缩，引起叶、薹下垂腐烂。假茎受害，呈水渍状浅褐色软腐，叶鞘易脱落。湿度大时，病部产生稀疏灰白色霉状物。鳞茎受害，根盘部呈水渍状，浅褐色至暗褐色腐烂。根部受害变为褐色，腐烂，根毛明显减少。

（二）防治方法

轮作换茬；选择地势高燥、排灌方便的地块，精细整地；避免大水漫灌和田间积水；发病初期交替用三乙膦酸铝、甲霜灵、恶霜灵等喷雾或灌根。

四、大蒜叶枯病

（一）症状

叶片、叶鞘、花薹等均可发病。症状表现有尖枯型、条斑型、紫斑型、白斑型和混合型。尖枯型叶片尖端变枯黄色至深褐色坏死，可延伸至中部，严重时导致全叶黄枯；条斑型叶片上生有纵贯全叶的褐色条斑，沿中肋或偏向一侧发展；紫斑型叶片上生有紫褐色椭圆形或梭形病斑；白斑形叶片上分散出现白色圆形小斑点。有时叶片上混生多种类型的病斑即混合型。潮湿时病斑表面密生黑色霉层。

（二）防治方法

选用抗病品种；合理施肥灌水，避免大水漫灌；发病初期交替喷洒代森锰锌、腐霉利、扑海因等。

五、葱蝇

（一）症状

葱蝇以蛆形幼虫蛀食植株地下部分，包括根部、根状茎和鳞茎等，常使须根脱落成秃根，鳞茎被取食后呈凹凸不平状，严重时腐烂发臭，地上部叶片枯黄，植株生长停滞甚至死亡。

（二）防治方法

用糖醋液诱捕成虫；成虫发生期交替喷洒敌百虫、辛硫磷、灭杀毙等，幼虫发生时喷洒辛硫磷等。

六、葱蓟马

（一）症状

多为害叶片、叶鞘和嫩芽。成、若虫均以锉吸式口器先锉破寄主表皮，再用喙吸收植物汁液，被害处形成黄白色斑点，严重时叶片生长扭曲，甚至枯萎死亡。

（二）防治方法

虫害发生时交替喷洒辛硫磷、灭杀毙、氰戊菊酯、溴氰菊酯等。

七、韭菜迟眼蕈蚊

（一）症状

幼虫称为韭蛆，聚集在根部、鳞茎、假茎部为害。初孵幼虫多从韭菜的根状茎或鳞茎一侧逐渐向内蛀食，受害部变褐腐烂。为害须根时使之成为秃根。地上部叶片发黄、干枯，甚至整株死亡。

（二）防治方法

成虫羽化期交替用菊马、氰戊菊酯、溴氰菊酯、辛硫磷等喷雾，幼虫为害期用辛硫磷等喷施根部或灌根。

主要参考文献

齐红岩，屈哲，史宣杰，2019. 设施蔬菜栽培技术 [M]. 郑州：中原农民出版社.

谭占明，熊仁次，轩正英，2021. 设施蔬菜高效栽培技术 [M]. 哈尔滨：东北林业大学出版社.

胥付生，赵胜超，淡育红，2016. 设施蔬菜规模生产与经营 [M]. 北京：中国农业科学技术出版社.

赵会芳，王琨，2020. 设施蔬菜生产技术 [M]. 北京：北京理工大学出版社.

主要参考文献